活出 通透 幸福 与 影响力

A Clean Understanding
Happiness and Influence

女性自我认知与探索指南

王静荷 —————— 著

上海大学出版社

图书在版编目(CIP)数据

活出通透、幸福与影响力：女性自我认知与探索指南 / 王静荷著. -- 上海：上海大学出版社，2025.1.
ISBN 978-7-5671-5176-5

Ⅰ. B848.4-49

中国国家版本馆 CIP 数据核字第 2025VK9455 号

责任编辑　颜颖颖　陈　强
封面设计　缪炎栩
技术编辑　金　鑫　钱宇坤

活出通透、幸福与影响力
女性自我认知与探索指南
王静荷　著
上海大学出版社出版发行
（上海市上大路 99 号　邮政编码 200444）
（https://www.shupress.cn　发行热线 021-66135112）
出版人　余　洋
*
南京展望文化发展有限公司排版
上海光扬印务有限公司印刷　各地新华书店经销
开本 889mm×1194mm　1/32　印张 8.25　字数 164 千
2025 年 2 月第 1 版　2025 年 2 月第 1 次印刷
ISBN 978-7-5671-5176-5/B·149　定价　56.00 元

版权所有　侵权必究
如发现本书有印装质量问题请与印刷厂质量科联系
联系电话：021-61230114

静荷是我多年的学生,她给我的第一印象是热情大方,机灵活泼,积极参与集体活动,但令我没想到的是,多年以后,她竟然能以她的另一面让我震撼:以她细腻的笔触与深刻的思考成为新书《活出通透、幸福与影响力》的作者。

这是一本值得所有的自我寻求者与践行者细细品味的一本书,不单单局限于女性。书里不仅记录了静荷辗转上海、美国、香港三地的生活职场经历与感悟,而且融入了她多年作为成长教练自我突破与启发他人的故事。

我很欣喜地看到,静荷在她的书中探讨了许多个人成长方面的经典书籍,而其中大部分译自国外。所以某种程度上,这对我,或者说对你来说,也是一本自我认知、个人成长方面的"经典百科",值得去探索,也值得人手一本,细细品读!

——上海外国语大学教授　冯庆华

女性的一生承载着众多期望,走着走着都会有迷路的时候。恰恰姐的书就像一个认识自我的 GPS,不但可以提醒自己当下在哪儿,更重要的是记住自己是谁,未来应该如何选择走向幸福的路径。

——零导力公司创始人,《知·行——个人、家庭和团队的领导力法则》作者何辉

我见证了静荷人生中许多重要的时刻。非常荣幸,这次能够参与她人生中又一个重要时刻——她的第一本书即将出版之时。我看到她多年里在个人成长以及教练领域的耕耘,

而这本书就是这些努力与智慧的集合。

作为一名从教几十年的老师，我教过许许多多的学生，她的书让我非常有感触。当代的大学生们，尤其是优秀的女生，面临着一些独特的挑战。她们特别需要去经历一个认知和觉醒的过程，这能够帮助她们成为一个具备真正影响力的领导者，也能够助力她们更为轻松地应对人生中将要遇见的各种角色。

从跨文化的角度来说，知己知彼，才能实现真正的流畅贯通。只有一个真正了解自己，认知自己文化的人，才能做到更好地认知他人，学会与不同的人、不同的文化相处。

——上海外国语大学教授　张红玲

十年前与Melody初识，她参与sHero"多彩人生、羽化成蝶"项目，作为"了解自己"的分享导师；紧接着2015年首届sHero国际女性论坛她又作为青年人才受邀参加；同一年她也在sHero平台推出"女性影响力之旅"，开始探索女性人生角色的理念解析和认知。这些年有幸见证她作为一名新女性成长蜕变教练如何不懈努力，专注和执着地致力于帮助更多的女性认识自己，实现人生中更多的可能性。为她出新书而高兴，更相信她的这本书会让女性真正理解并做到从认知自我觉醒到活出通透、幸福与影响力！

——sHero创始人　Christine Liu

序言一
为伊，为你，也为我

我想要说几句，这个欲望是被一本值得反复琢磨的书以及它的作者激发的。书的标题中，赫然列出了一个带有终极诱惑力的词——幸福。

幸福！这个词勾起了我的兴趣，也唤醒了我的迷茫。

什么是幸福？如何获得它，又如何守住它？这不正是你我一直在思考，却往往越想越迷糊的问题吗？怎么？脸上常常带着亲切的微笑，嗓音总是温暖轻柔的恰恰姐有答案？

从我认识她的第一天起，恰恰姐就是这样一个像和煦的春风一样的女孩子，直到二十多年后的今天，她的身上依然带着一股清新的少女气息。有时候，让人不禁纳闷，岁月为什么夺不走她的纯真，磨砺为什么损耗不尽她的元气？

其实，毕业后的每一次碰面，我都能感受到一个稍稍不一样的恰恰姐。她的变化并不仅仅局限于攻下了不同的项目，或者是适应了不同的老板。

现在想来,她的脚步踏过东西半球,在文化和理念的碰撞中思考,更是在自我认识和自我探索的过程中蜕变。恰恰姐的变化是由内而外的,她的成长让她的根基更加强健。这就是为什么,现在的恰恰姐成熟自信,聪慧而勇敢,让人们都愿意靠近她,从她那里学到东西,听取意见,汲取力量。

于我而言,自我认知是一个漫长的过程。搞清楚自己是谁,有什么特质(优势和劣势),持续热爱的学科或技能是什么,如何去打磨自己,使自己的辨识度更高等,这些问题萦绕心间,答案并没有一蹴而就,更没有发生什么标志性事件让我醍醐灌顶。我所能做的只是保持开放的心态,鼓起勇气,傻傻地尝试。我相信每个人身上都深藏着哪怕很细小的闪光点。在不断尝试的过程中,这些闪光点会不断萌芽,最终破土而出。

大约十年前,在恰恰姐确定她最终的职业方向的那一刻,我是惊讶和震撼的。女性成长!这是多么有意思,同时又是多么困难的一份事业啊!年轻女性,不,应该说是各个年龄段的女性都懵懵懂懂地感知到了觉醒的萌芽,她们认识自我,突破自我,打造自我并且追求幸福的渴望随之越来越强烈。然而,与此同时,女性长久以来所面临的条条框框并不会自行消失,她们所处的各类困境依然束缚并消耗着她们。

恰恰姐的勇气让我钦佩,甚至还很羡慕。熟悉她的人们都知道,柔弱纤细只是她的"伪装",她的内核已被她锤炼得非常稳定。那么,她是怎么做到的?我们能不能也同样找到自己,鼓起勇气,得到成长,追求属于自己的幸福?

　　这个女生带着好奇心,不停地摸索着充满未知的前路。亲爱的朋友们,不如让我们一起走进书中,来一次探秘之旅。聪慧的你一定能找到属于自己的那个最想要的答案。

苏贝妮

上海广播电视台融媒体中心主编

2024 年 9 月

序言二
"个人使命宣言"带你走入通透人生

你每天早上醒过来,第一个直觉反应是什么?是兴奋,迫不及待地起床,知道今天又可以朝着自己的梦想迈进一步?是恐惧,不愿意面对眼前的挑战,不确定自己行不行?还是沮丧,情愿不要张开眼睛,情愿回到梦境?

无论你的答案是什么,我都先恭喜你。你拾起这本书的这一个小动作,已经把你从千千万万的人群中分别出来,因为你在乎,在乎自己,在乎你的选择,在乎你的人生。因为你愿意思考,思考人生目的、生命的意义和自己的未来。因为你心中有爱,爱自己,不愿意自己沉沦。这爱的小火苗,足以给你成长的动力,给你改变的勇气。

如果你像我一样,每天行事历总是排得满满的,还有各种颜色、代表不同性质的活动,包括各种大大小小的会议、出差、接送孩子(我有四个孩子,在两岁到十七岁之间)、运动、看医生、社交聚会、上课，等等。你有没有停下来过，好好审视一下这些密密麻麻的活动，一个一个拆开来看，它们存在的目的是什么？每个都这么重要吗？每个都一定得事必躬亲吗？它们都是在你规划的人生道路上必经的过程吗？它们能帮助你达到重要的里程碑吗？或者，哪些是为了满足他人对你的要求？又或者，它们已经成为你的负担，不知怎么地就悄悄地占满了你的生活？吞噬着你起初的梦想？

你是谁？你为什么存在？你为什么这么努力？你为什么需要受苦？你为什么活得辛苦？你还记得起初的梦想是什么吗？将来百年后，你想要人们怎么记得你？大多数人都曾经想过这些问题，但在这些人中，太多人因为想不明白而决定放弃。你，不是他们，因为你决定阅读此书。

就像所有成功的公司，每个都有使命宣言或清楚的愿景和目标，写出来挂在墙上，大老板常常挂在嘴边，或是出现在周报月报等与员工沟通的渠道。不是说这些公司的成功是因为有使命宣言，而是这些公司知道它们成立的目的，知道它们一起可以成就的社会价值。每个公司总会经历顺境和逆境，如果员工们知道大伙为何而战，更能同心协力地攻克难关，甚至从挫败中不仅重新站起来，而且变得更坚韧、更强大。这样的企业，成功的概率当然比较大。有没有想过，为什么我们每个人没有属于自己的"个人使命宣言"呢？

我们有幸来这个世界走一遭，怎么能浪费了人生的美意呢？

我大学刚毕业的时候，意兴风发，学到了点本事，更学会了"只要我喜欢，有什么不可以"。直到我外婆过世，参加她告别式的时候，看到一旁站了十几个人，披麻戴孝。我问妈妈，"外婆明明只有您和舅舅两个孩子，怎么一下子多了这么多孩子？"妈妈回答："这些人都是外婆曾经帮助过的人，他们的生命因为有外婆而改变，有些是接受外婆资助而完成了学业，有些是外婆在他们最艰困的时候陪伴他们度过，外婆给他们如同自己母亲的爱，他们感恩，所以和我一起披麻戴孝。"我领悟了，要知道自己曾经来过这个世界的最好证据，就是看有多少生命因为我的存在而改变。

你的墓志铭该怎么写？在你的告别式上，你想哪些人上台说几句悼念你的话？他们会说些什么？

史蒂芬·科维著名的畅销书《高效能人士的七个习惯》强调"以终为始"。我们不知道目标，怎么能过好每一天呢？上天创造这独一无二的我是为了什么？我有这么多独特的优缺点，应该如何善加利用？我生活的小宇宙，因为有我，可以有什么不同？我走的时候，要留给这世界什么？我在乎的有哪些人？我目前跟他们的关系如何？我希望跟他们的关系应该如何？我在乎什么？爱情、婚姻、事业、财富、地位、名声、家庭幸福美满、家人的健康、孩子的学业、自己的诚信、信仰、娱乐、音乐等？在我在乎的这些事情当中，我的优先顺序是什么？可以舍弃的又是什么？

你一定曾经思考过这些问题，只是还没有确定的答案，所以你会对本书有兴趣。我鼓励你让今天就成为自我觉醒的第一天，让恰恰姐透过她清晰优美的文字带领你启程，开始抽丝剥茧，开始爱自己、认识自己的旅程。不是别人眼中的自己，不是父母当年要求的自己，不是要去满足任何人的期待的自己，而是那个可能被压抑、被忽略、被怠慢、被遗忘、甚至被放弃的自己。

我鼓励你现在就提笔开始草拟属于你自己的"个人使命宣言"。在阅读本书的过程中，我鼓励你常常回顾这个宣言，做适当的增补、修正、删减或更改。只要我们还有口气息在，这个"个人使命宣言"就是活的，随时可以因为你的成长而改变。当然，一旦你有了一个令你兴奋的版本，我鼓励你把它打印出来，张贴出来，和你在乎的人们分享你在自我觉醒旅程中的喜悦和收获。人不能离群独居，就像一个公司的使命宣言需要让每个员工知道一样，大家才能众志成城，你的"个人使命宣言"也不能单单靠你一个人的力量实现。大胆地去和关心你的人分享，给他们机会帮助你实现那个让你满足的人生。当然，随着你的再成长，我也鼓励你，每几年考虑更新你的"个人使命宣言"，让它跟得上那个不断成长的你的步伐。

属于你的"个人使命宣言"会带你进入通透的人生，也会是引导你走向幸福、发挥影响力、以你的生命改变的开端。

薛一心

香格里拉酒店集团执行副总裁
上海迪士尼度假区市场部前副总裁
春晖博爱公益基金会前理事和首席执行官
2024 年 10 月写于美国波特兰

序言三

教练，一路向前，一路向内

通过多年的学习实践，我把人的自我觉察能力发展分为四个阶段：从无知无觉，混沌知觉（无知有觉、有知无觉），到有知无觉（后知后觉、当知当觉、先知先觉），再到正知正觉。

从无知到有知，从无觉到有觉，是每个人生命中不可忽视的一个奇迹。从事教练多年，我亲眼看到这个转变就像一个有力的导火索，在许多人身上生发出美好巨大的功效。

在我的课堂上，我经常会和学员们分享每个人每天和自己对话的 63 000 句，现在人睡觉越来越少，假设我们每天睡 6.5 小时，那么在睡眠之外，剩下的时间，和自己对话的数量 $=(24-6.5)\times 60\times 60=63\,000$。每个人都有着丰富的内在世界，我们内心深处和自己那么多的对话，既可以借着自己的觉察，也可以通过寻求他人的教练支持去认知，去了解。

当我们有效认知自己内在的 63 000 句之后，就更能够明白自己的局限,更懂得和自己及他人共处,更知道在哪方面需要别人的支持,更懂得向适当的人求助。

每个人都需要一位教练,因为每个人都需要经历从无知无觉到有知有觉的自我认知之旅。在自我教练之外,我不仅长期邀请一位教练支持我,还会定期让我的学员,作为教练启发我。

隔段时间,我也会花一些时间,去总结我的人生核心价值观,去回顾、展望。渐渐地,我由一个不爱自己但又想改变他人的人,经过不断往内看,天天对自己狠、对别人狠的经历,转变成一个懂得爱自己及他人,痛并快乐着,相信爱,相信更多人也可以,一起以生命影响生命的人。

很多人选择成为教练,是为了实现利他的使命。但学习教练、从事教练这件事,最大的受益者是自己。

首先,当我们学完教练,面对的第一个人,不是外面的人,而是自己。教练可以在很大程度上,帮助一个人认识自己。将教练技术运用于自己身上,让自己成为一个优秀的客户,让自己成为第一个成功个案时,他将收获人生奇妙的自我突破。从此之后,他将更有说服力,更有定力去支持他人的突破和成长。

我非常欣喜,在恰恰姐人生的转折阶段,能邂逅我们,而这个选择也启发她走上自我认知与教练,这条一路向内的成长之路。

成为一名好教练,固然有很多因素和方法,但在这本书里面探讨的自我认知和自我觉察能力,是一个教练最核心最基础的修养,也是成为好教练的底层逻辑。教练要帮助别人向内探索,首先要学会在自己身上探索。如果做不到这一点,恐怕难以提出让别人深省的问题。

而每一个人,都应记住一句话,"无容人之心,何来看人之大"。这里的容人,恐怕最为重要的,是容自己。认识自己,接纳自己,突破自己,看自己为大,一路向内,走好这条自我认知的探索之路,走进你自己,才能影响别人。

吴咏怡

亚洲企业教练先锋

国际教练联合会(ICF)认证 MCC 大师级教练

拓思顾问与教练机构创始人

2024 年 10 月

序言四
智慧的导师指引你走上"少有人走的路"

2012年7月的某一天,我收到一条微博私信,邀请我去参加一个有关女性成长的线上讲座。因为当时我自己的人生使命就是"借助自身经历,帮助和兴起女性领袖,认识到她们作为妻子、母亲与领袖的职责",Melody 的邀请引起了我的兴趣,所以我欣然地接受了她的邀请。这个出于好奇心的决定促成了我跟本书作者 Melody 长达十几年的友谊,因为我发现我们两个人有着如此相似的使命和生命方向!

自从那一次之后,我和 Melody 一直持续有合作,包括我受邀去她的平台分享个人品牌的经营,分享女性成长的相关话题。她也会在我不同的新书出炉之后邀请我去上海举办跟新书有关的讲座。就这样,我们一直彼此陪伴和成长着。我们夫妇也因此认识了 Melody 夫妇,发现了她真的是一个言行一致、具备真实领导力的人,知行合一地活出自己所认定、所分享的一切。在这个为了建立自己的品牌而不择手段造假自我形象、包装自己的时代，能认识她这样一个真实地活出自己的样子、不断成长的女性，真的是一件宝贵的事情！

这些年来，我认识了那么多的人，我发现最不常见（common）的就是常识（common sense）。我们一家曾常住北京，在这个非凡的首都大城市，遇见了满街的聪明人，很多都是名校毕业的，却很少有把自己的人生过得很智慧的人。

要教你如何华丽地包装自己，建立自己的品牌很简单，但是要教你如何认识自己，接纳自己，然后再狠狠地突破自己，并同时经营好你生命中那些最宝贵的关系，是需要勇气、诚实和信心的。如果一个人身边没有智慧的导师，这更是很难走得好的一条路。Melody的宝贵在于她不仅帮助你深挖自己，认识自己，学会接纳自己，更会很真实地鼓励你不要停在原地，仅仅接纳原来的自己，而是在认识自己的基础上进一步地学会不断地突破自己，并同时也让你周围的人受益于你的成长。

你手里拿着的这本书，不仅充满了智慧，更有作者多年来作为人生教练的角色，陪伴成千上万的中国女性成长后总结出来的深刻洞察，以及把这些洞察落实到生活中的具体建议和方法。这些宝贵的经验，不是理论上的泛泛而谈，而是出于她自己也在努力活出的生命。

我相信当你读完这本书以后，作者的话语不仅能指引你走上那条最值得找到的"少有人走的路"，更能陪伴你，在你身边激励、劝勉、庆祝你的成长！

祝愿这本书能陪伴着这一代的年轻女性成长,并催生出一代像 Melody 这样能活出自己同时造就别人的女性!

蒋佩蓉

婚姻、亲子和礼仪专家

美国麻省理工学院前任中国区总面试官

2024 年 11 月

序言五
自我探索：认识自己，认识他人

在我心目中，几乎没有什么事物比帮助他人成长更重要。也许有人会说这是我在上海这个城市30多年留下的印记之一，其实，2006年我受邀带头成立的上海外国语大学跨文化研究中心的宗旨就是："发展学科，旨在育人。"

Melody就是我所遇见的人中，其中一位我很荣幸能够有机会激励她成长的人。面对任何事情都认真以对的她，在我的跨文化传播课上也是全情地投入。多么荣幸，我能够持续地帮助她多方位地全面成长，这是一个让我们彼此都深受鼓舞的历程！

我与她的同行包括这样一些美好的时刻：见证她在学业上的成长，她个人生活上的深入，在关系上的拓展，在婚姻上的经营，包括出国留学，丰富人生阅历的选择。她不仅取得了国际学位，而且回国建立了一个优秀的平台，通过教练，丰富女性成长，帮助她们认知自己，提升能力。

作为她每一个不同阶段的见证人,我很兴奋地看到她离真实的自我越来越近。她不仅找到,而且活出了真实的自己,其中包括通过自我成长去成就他人。

虽然我的专业身份是一名在亚洲有着45年跨文化教育和研究经历的教授,但是这其中我最珍视的部分,是能够参与学生们的自我发现。在这方面,Melody和我有着共同的愿景!比语言能力、跨文化知识或者沟通能力更为重要的是,Melody身上有着一份我渴望在每一位学生和同事身上激发的热情——这份热情能够拓展他人的境界,深化他们的关系能力,挖掘他们的个人潜力,帮助他人在深思自省的过程中更好地收获自我成长。

数十年来,我最喜欢的课堂活动之一,是让学生们参与自我和文化身份的建构与练习。这一探索的关键目标,是帮助他们学会向他人介绍自己。但是其真正的目的,则是让我们更深刻地思考自己是谁。"对我来说,展现给他人最重要的身份或者个性是什么?"这是一个双向的自我认知照镜子的过程。只有当我们认识到自己是谁,才能清晰地认知他人是怎么看待我们的,以及更重要的,我们如何以及为何这样看待他们。

Melody和我有一个共识,那就是在所有个人成长的知识和技能中,最重要的是认识自己,并且如实地去认识他人。当我们谦逊地提升自己的人际敏感度,就能拥有更多智慧和技能来帮助自己拓宽视野,开阔心胸,从而与他人建立更广更深、更有效果和意义的连接。

我们每个人都需要理清自己的背景和经历，以更好地理解我们的天赋才能、后天优势和兴趣热情。这个过程能够帮助我们更好地认知自己的人格特点，磨炼我们的沟通技能，面对环境的韧性，以及对人和环境的洞察力。

　　自我认知是一个能够给我们彼此带来极大愉悦，为你身边所有人带来益处的强大工具。它是个人成长的重要目标，能够帮助你理解自己这个生命的"精美设计"，让你在为他人服务、与他人合作的过程中享受"天生我材必有用"的奇妙。

　　Melody 关于自我探索的写作，就像一条独木舟，带你进入一片广阔静谧的湖水，每一次泛舟都能引领我们进入一个特别的空间。在那里，世界将会在我们眼前展开更为美丽的景致和更广更智慧的视野。她深思熟虑，用令人信服的笔触写出为什么我们需要自我认知，什么是自我认知，以及如何自我认知。她在书里融合了自己丰富的人生经历和自己从事教练工作的那些动人的故事。

　　我相信，当你步履不停地踏上这段旅程，你能收获更多的人生维度和目标。阅读 Melody 的书肯定会是一个激动人心、丰富多彩和令人满足的经历。愿这些精彩的章节能够激励你和你身边所有的人在自我觉思这条路上前行！

　　愿你享受这份阅读体验！

顾力行
上海外国语大学跨文化研究中心外籍主任
2024 年 11 月 24 日于上海

目录

关于恰恰姐 …………………………………………… 1
前言　乖乖女的自我觉醒之路 …………………………… 1

第一部分　女性觉醒与自我认知

第一章　迈向通透之路：觉醒认知自己 …………… 3
一、空心病：别落入"乖乖女陷阱" ………………… 5
二、学霸成为中等生：东西方差异带给我的第一份
觉醒 ……………………………………………… 7
三、"完美职场人"得不到小红花：低谷中的人生
蜕变 ……………………………………………… 8

第二章　智慧与通透的基石：自我认知 …………… 14
一、自我认知——个性成熟的标志 ………………… 14
二、自我认知——亲密关系的钥匙 ………………… 16

三、自我认知——亲子关系的钥匙 ………………… 19
　　四、自我认知——领导力的核心 …………………… 21
　　五、自我认知——幸福人生的必要 ………………… 22

第三章　你与通透之间的距离,是你与自己的距离 ……… 27
　　一、经典人生探问:认知自己的灵魂三问 ………… 27
　　二、真实的你,到底是怎样的? …………………… 30
　　三、冰山理论与洋葱模型:带你探索未知的"我" …… 32
　　四、摆脱原始大脑,激活高级大脑,活出更好的自己
　　　　………………………………………………………… 34
　　五、平凡的灵魂如何充满光辉 ……………………… 36
　　六、四种认知状态:你处在哪一层呢? …………… 39
　　七、宝藏人生:你的生命是一段传奇 ……………… 41

第四章　通透觉醒需要克服的障碍 ……………………… 43
　　一、井底之蛙——拆掉生命的围墙 ………………… 45
　　二、盲人摸象——克服自身的盲点 ………………… 46
　　三、鲤鱼跳龙门——扩张自己的限制性认知 ……… 48

第五章　别落入这些自我认知陷阱 ……………………… 50
　　一、完美主义:困扰女性的本质到底是什么? …… 50
　　二、万金油:女性的花木兰困境 …………………… 51
　　三、迎合者:你需要学会说"不" ………………… 52
　　四、浮萍:随波逐流的迷茫 ………………………… 54

五、做事狂：区分"人"与"事"，挣脱做事陷阱 ……… 55

六、丑小鸭：寻求真我，飞入高空 ……………… 56

第二部分　如何认知自己

第六章　如何认识自己·特质篇 …………… 65

一、特质：什么构成了独一无二的你？ ……… 65

二、优势：带你走向卓越，实现幸福 ………… 71

三、弱点：激发成长的机会领域 ……………… 81

四、热爱：让你成为光芒万丈的太阳 ………… 84

五、动力：人生爆发的引擎 …………………… 88

六、身体语言：什么决定了你的沟通效果 …… 96

第七章　如何认识自己·认知篇 …………… 100

一、价值观：人生的指南针，带领我们走向真北 …… 100

二、情绪：上帝所赐的珍贵礼物 ……………… 105

三、知识储备与思想领导力：每一段经历都是宝藏

……………………………………………… 122

四、目标：你想要的到底是什么 ……………… 129

五、时间管理：你的生命管理 ………………… 133

六、意义与愿景：超越自我，链接世界的关键 …… 137

七、认知与思维模式：什么决定了一个人的最终

格局 ……………………………………… 142

八、信念：什么在给你的人生托底 …………… 148

第八章　如何认识自己·经历篇 156
一、人生关键事件与成长经历：你的故事，你的力量
.... 156
二、逆境：顺风顺水未必就是顺境 159
三、恐惧与痛苦：穿越它，你就是胜者 163
四、系统视角：集体/国家事件，你想不到的背后驱动 168

第三部分　自我探索的补充与展望

第九章　寻求反馈，成为活水 175
一、积极主动：逃离鸵鸟心态 176
二、向专业人士或者导师寻求建议 178
三、与职场导师结对，建立长久的指导关系 178
四、亲朋好友：千万别忽视的镜子 179
五、写作：最好的自我关怀 179
六、观察：对自己的元认知 180
七、日志反思：感知生活中的触动 182
八、复盘：发现你的因果链条 185

第十章　自信绽放 190
一、优秀与自信的关系 191
二、什么阻碍了你的自信 192
三、无条件地接纳自己 193

四、价值：我们都是进行式 ………………………… 194
　　五、小步的力量 ……………………………………… 195

第十一章　自我探索与自我突破 …………………… 197
　　一、自我探索是一种艺术 …………………………… 197
　　二、通过自我突破实现通透与人生成长 …………… 199

第十二章　自我认知的误区与终极目标 …………… 203
　　一、自我认知的三个误区 …………………………… 203
　　二、自我认知的终极目标 …………………………… 207

附录　自我认知访谈片段 …………………………… 209

参考文献 ……………………………………………… 219
后记 …………………………………………………… 224

关于恰恰姐

你好,我是恰恰姐。

先简单介绍一下我这个名字的由来。

我特别喜欢"恰"这个字的含义。恰当,恰恰好,恰同学少年,自在娇莺恰恰啼,表达的意境与感受都不错。

一次去杭州西湖边游玩,看到立在水边的一座纪念民国才女林徽因的现代碑,发现了关于这个字的另一层意思。

林徽因在《平郊建筑杂录》中曾说:"在光影恰恰可人中,和谐的轮廓,披着风霜所易。"原来,"恰"字还可以表示美好与可人。这正好非常符合我一直以来作为一名积极心理学与幸福倡导者的定位,只有看见美好,积极感恩,才能帮助一个人获得真正的幸福。

我一直觉得女性的最好状态就是自洽(恰),这是通往人生通透境界的唯一通行证。三点水的"洽"表明了自身在态度与认知体系上的一致性与融合,后者竖心旁的"恰"意味着自己喜欢自己,自己欣赏自己。"自恰"是一个女性的理想境界。一个人想要拥有底层的自信,需要的就是自恰。

当然还有非常重要的一点是,"恰"是我家二宝的名字,这样的一个字里面,饱含着我对他所有的美好期望与愿景。而非常奇妙的是,他的成长也刚好符合了"恰"这个字的意境。他可爱温暖,是我生命中的一颗小太阳。

我是恰恰姐,一名新女性成长蜕变教练,个人品牌战略顾问,人生转型教练。我的愿景是可以帮助百万女性认识自己,实现人生中更多的可能性。我的座右铭是:

"最大的成长,源于灵魂深处的闪耀!"

前言
乖乖女的自我觉醒之路

中国女性的成长近几十年来为世界所瞩目，不仅在各类高等教育院校中女学生占比已经超过男学生，全社会就业人员中男女的比重也接近持平（根据 2021 年 12 月 21 日国家统计局发布的《中国妇女发展纲要（2011—2020 年）》终期统计监测报告）。长期以来，中国女性的就业率居于世界前列。从 2020 年开始，我们不仅拥有世界上最多的职场女性，新兴行业中女性创业者数量也位居全球第一。

无论是在教育上，还是就业上，我们都看见了一股强大的"她力量"，许多女性的命运因此获得了改变，她们有机会去活出自己的精彩与美好！

但是在这么多利好消息之中，我观察到另外一些现象，外貌焦虑，女性在情感婚恋方面的迷茫，在职场进入中期之后的颓势，这些都是女性常常遇到的问题。

外貌焦虑

相比于男性，大部分的女性似乎都会被不自信所困扰。而她们不自信的很大一个源头，就是自己的外貌。

《2021年中国年轻人容貌焦虑报告》中显示，81%的女生和64%的男生，都希望自己的身材能变好一些。在变得更美的这条路上，女性明显比男生更卷。而且随着年龄的增加，女性对自己的容貌焦虑更甚。

与身边的女性朋友们聊一圈，你基本上很少发现对自己的外貌完全满意的人。当然爱美之心人皆有之，但当这份"爱美之心"成为压力，成为不接纳自己的理由，成为危机感的来源，它就明显不可取。

很多年前当我初中毕业拍集体照，同排的一个女生为了让自己看起来更好看，踮起了脚，看着她这样，其他站在同一排的女生也全部都踮起了脚。虽然当时我也被这份"内卷"影响，不得不踮起了脚，但印象很深的是当时自己内心觉得非常不舒适。这份"剧场效应"某种程度上也映射了今天女性在外貌上的困局。

> 女性一生都被困在肉体当中，对自我懵懵懂懂的时候就开始"被引导"关注皮囊是否漂亮，到了婚育年龄又会陷入生孩子、奶孩子，毕生都在花钱花时间解决身材焦虑、相貌焦虑，似乎皮囊带给我们的重力要比男性大得多，限制了我们有足够的精力完成向外的自我超越。
>
> ——刘晨曦、白辂《觉醒：没有女性能置身事外》

当女性的容貌被视为一种资源,这时候女性就需要不断地关注自己的外貌,从而用自己的外貌来换取更多的其他资源。

情 感 迷 茫

南都民调中心联合喜马研究院撰写的《2020 中国女性情感报告》显示:超过八成的受访女性在生活中遇到过情感困扰,超半数的受访女性甚至表示这些情感问题对自己的生活造成了一定影响。

几年前,当我刚刚踏入创业旅程时,一位创业指导给我的建议就是一定要去做情感,因为他觉得情感对于女性来说才是刚需。如今,情感培训仍然是一个蒸蒸日上的赛道。这对于众多情感大咖是商机,但对于女性们来说却是一个实实在在的痛点!

职 场 弱 势

另外,据智联招聘发布的《2022 中国女性职场现状调查报告》显示,在薪资上,职场女性平均月薪 8 545 元,低于男性的 9 776 元,相差 12%,处于基层及以上管理职位的女性占比 34.2%,低于男性的 40.7%。并且,职场的性别不公现象虽有好转,但仍然存在。大部分女性仍然身受婚育的桎梏,渴望更多地活出自我。

世界顶尖的女性职场成长机构 Catalyst 2020 年发布的一项调查显示:在国内所有的上市公司的总监职位中,女性只占了 9.7%。

这不正对应了 2023 年 8 月麦肯锡所发布的专题报告《新时代的半边天：中国职场性别平等现状与展望》中提到的"领先数字"背后所缺乏的"理想正相关"吗？较高的入学率和就业率并没有导向中层管理、高管和董事会占比上的优势，现实情况反而是锐减和失衡。"她力量"的美好与精彩背后，隐藏着女性职业生涯的"显著脆弱性"。

容貌焦虑，情感困惑，性别歧视，同工不同酬，重返岗位的艰难，这所有的一切，启发我去思考这个问题：

作为女性，为了收获人生的绽放与幸福，我们最需要突破的是什么？

在我非常喜欢的自媒体大咖张辉老师的一篇文章里，他曾经提到人类关注点的两个维度：一个是 Be，一个是 Do。

"太多人关注怎么做，如何成功，这些都是 Do 的领域，但本质上，相信什么，你究竟是谁，你想成为什么才决定长期的结果，这些都是 Be 的领域。"

所以，一个人最需要的，我认为是活出自己的 Being，获得自我意识的觉醒，人生的清晰与通透。这是人生的第一要务。

是否能活出 Being，与一个人的受教育程度并无直接关系。著名心理学家李松蔚曾经指出，越是高学历的人，越容易被 PUA，尤其是受过高等教育的女性。因为某种程度上，她会更容易给自己的人生布上框架，陷入畏首畏尾的境地。

就好像曾经的那个我。我可能是你所羡慕的那个乖乖女，可能是那个被人称赞的"别人家的孩子"。一直以来，我遵循了一条最为稳妥的道路。从小到大，是老师心目中的好学生，家长心目中的乖孩子。从不给家长惹事，每天回家自觉完成作业。初中毕业以全校第一的成绩考上我们当地最好的高中，高中毕业后又踏入自己心仪的大学，大学毕业后又成为全班唯一一个直升研究生的。毕业后留在上海工作，几年后又顺利拿着助学金出国留学，回来后又赴香港一家国际组织工作。一切是那么的顺利，以往所形成的乖乖女的模式似乎是我成功的金钥匙。但其实，看似顺利的人生，隐藏了许多冰山之下的问题。有恐惧，有低谷，也有自怨自艾。所以，随着一个人走向更为广阔的人生，她极其需要逐渐地成长成熟，需要明晰地做出选择。而且踏入社会与职场多年之后，一个人才会更多认识到自己身上存在的问题：玻璃心，过于追求他人的认可，缺乏长远目标，不了解自己的优势。这些都曾经在我职场的早期阻碍我去活出自己的通透。

这几年，通过自我探索与认知，我发现了这些问题，也在尽己所能调整。虽然人生仍有起伏，但总体上的幸福感在不断地增加！

在动画片《心灵之旅》中，有这样一个故事。这是一段发生在新音乐家和老音乐家之间的对话。这个故事对我认识到觉醒与梦想实现之间的关系颇有启迪。

小鱼说："我要去大海。"

老鱼说："你已经在大海了。"

小鱼说："可是这里不是大海，这里只是水，我要去的是大海。"

老鱼说："你已经在大海了。"

新音乐家乔伊刚刚实现了自己的梦想，得以与自己一直非常敬重佩服的老音乐家同台演奏,这是他梦寐以求的时刻。但梦想终于实现之后,乔伊却发现感受很平淡,完全没有想象的那样轰轰烈烈。乔伊有点怅然若失,于是,老音乐家就和他讲了这个小鱼、大鱼和大海的故事。

影片里,大海指的是一个人的梦想。当我们每天努力为自己的梦想而奋斗,却忽略了一点,其实我们习以为常的生活也许正是梦想的一部分。

大海除了是我们的梦想,也可以代表着很多。我看见的大海,是代表了梦想与自我的大海。

小鱼想要去大海,实现自己的梦想。可老鱼告诉它,它已经在大海里了,因为它每天习以为常的自我,就是大海。

这正如我多年的经历,曾经刻苦努力地希望实现自己的梦想,完成社会或者他人赋予我的目标,最终却发现,其实自我才是梦想的起点。在自我里,才蕴含着彼岸所有的秘密。

没有人不渴望幸福,但正如知名心理学家海蓝博士所言,幸福从来不是来源于远方,而是来源于觉醒的自我!

乖乖女需要觉醒,这是一种自我层面的觉醒,要清晰地知道:我到底喜欢什么,我的热情到底在哪里,我想要怎样的生活?

作为一名女性成长教练,我看到许多女性曾经被同样的问题困扰,她们也深深感激我的乖乖女自我觉醒故事对她们的启发。这让我一下子意识到,其实世界上还是有许多与我有着同样经历的女性,而且可能还不在少数。

因此,我希望这本书可以帮助我们每一个人,尤其是每一位女性,都踏上一条自我觉醒之路,迈向真正的幸福!

第一部分
女性觉醒与自我认知

波伏娃在《第二性》中写道：女人的不幸则在于被几乎不可抗拒的诱惑包围着；每一种事物都在诱使她走容易走的道路；她不是被要求奋发向上，走自己的路，而是听说只要滑下去，就可以到达极乐的天堂。当她发觉自己被海市蜃楼愚弄时，已经为时太晚，她的力量在失败的冒险中已被耗尽。

抵挡诱惑，坚持走自己的路，最需要的是一个人对自己的自知和自信。

为何女性比男性更需要认知觉醒？为何自我认知价值千金？在自我觉醒的旅程中我们需要克服哪些障碍？你将在接下来的第一到第五章里，收获答案。

愿每个人都可以活出真实的自己！

第一章
迈向通透之路：觉醒认知自己

我想出去走走,见见世面,闯出新天地。

你是一个聪明人,应该走出去,人应该享受这个世界,而不是企图理解这个世界。

——《楚门的世界》

人生最终的价值在于觉醒和思考的能力,而不只在于生存。

——亚里士多德

如果你爱看电影的话,会发现大部分高分电影讲的都是一个人的觉醒之旅。《楚门的世界》如是,《肖申克的救赎》如是,《闻香识女人》也如是。

《楚门的世界》中,金凯瑞扮演的楚门在发现生活中的古怪之后，不惜一切代价去逃离，去探索，终于发现原来自己是一个超级真人秀的主角，从出生开始就生活在一个建构的世界中。在那个世界里，一切都是设计建构好的，包括他的妻子、朋友，他的一切遭遇，甚至是天空。最后他撕毁了天空，走出了这个虚假的世界。

《闻香识女人》中，盲人中校通过学生查理几天的陪伴出行，从绝望中走了出来，重新认识到自己的价值与责任感。

《肖申克的救赎》中有两个令人感慨的对比：一是主角安迪和瑞德最后离开了监狱，获得了自由的生活；二是负责监狱图书馆的囚犯老布，面对刑满释放重获自由的机会，他却令人匪夷所思地故意犯罪以求重新入狱。因为在监狱服刑50年的他，已经习惯了监狱里的生活，无法在外面生存。这何尝不是另外一个"楚门的世界"？

为何觉醒的故事可以如此打动人心？因为它直接指向对于人类来说最为重要的一份探索，向内的探索，认识自己，从而认识世界。

所以一个人觉醒成长的过程，与其说是"睡着的人醒来"，不如说是走出自己的"楚门世界"，走出那个被建构、被限制的世界，发现自己人生中更多的可能性，迈入一个更加宽广的境界。

为何女性比男性更需要认知觉醒？

在哈佛大学出版社出版的领导力书籍《迷宫》里，两位长期研究女性领导力的作者发现，女性在职场上遭遇明显可视的玻璃天花板已经不多见，然而她们锻造领导力、实现职场成长、找到自我的过程，却仍然像在走一段迷宫，道路复杂难辨，决策难以捉摸，迷雾重重，一不经意，就有可能迷失方向。

相比男性，女性在一生中会踩到更多的"坑"。这些"坑"的存在与女性从小到大的成长经历与所受教育不无关系。她们从小会被灌输更多限制性的认知，不可以这样做，不可以那样做。说话不可以声音太响，不可以像男孩子一样调皮……这些限制性的认知几乎建构了女性的世界，在她们成人并踏入职场之后成为阻碍她们实现幸福的枷锁。

麦肯锡的专题报告《新时代的半边天：中国职场性别平等现状与展望》里，将中国女性面临的"她力量"阻力首先归结于"传统观念和现代舆论共塑女性自我认知"。

虽然女性崛起和力量已成为近来的风潮和共识，但是，社会对女性的期待以及女性自我的价值定位仍然会受到一些传统观念的影响。这些观念，就成为女性成长路上的阻碍。

我的自我成长经历中，曾经踩的最大的"坑"就是"乖乖女陷阱"。年轻时候的"乖乖女"表现，不仅不会让我困扰，反而似乎让我得到了很多。但是这种模式在我人生面临转型的几个阶段，却让我遇到了很大的困扰。

一、空心病：别落入"乖乖女陷阱"

也许你觉得学霸都很令人羡慕，但其实并非如此，很多学霸身上存在的最大问题就是"乖乖女陷阱"。他们从小到大最关注的事情就是通过取得好成绩获得老师、家长的认可。久而久之，这种关注偏差会造成他们身上的空心病。

因为在成长过程中，反而是调皮捣蛋的学生从小就认知了自己的需要，更为懂得自我选择。相比之下，乖孩子，尤其是乖乖女一直生活在老师、父母以及社会的标准下，不知道该如何自我选择，不知道自己喜欢的、想要的到底是什么？

"空心病"这个概念是由北京大学心理健康教育与咨询中心副主任徐凯文教授所提出的，这是一种觉得人生毫无意义，对生活感到十分迷茫，不知道自己想要什么的状态。患"空心病"的人经常会觉得人生看不到希望，生活迷茫，对未来没有任何期盼，存在感缺失，身心被掏空。而且他们特别在乎他人的评价与认可，一旦得到差评，就会带来精神心理方面的重压。

徐凯文教授在 2016 年 11 月的一次演讲中指出，"北大四成新生认为活着没有意义"。他们可能从小都是最好的学生、最乖的学生，但他们却有着强烈的孤独感和无意义感，而且有着强烈的自杀意念。

这种感觉对我来说太熟悉了。虽然从小到大我在他人眼中属于一个成绩很好的学霸，但其实一直以来我对自己的价值感认知很低，也不清楚自己的优势与目标到底是什么。在大学的时候，我成绩还算不错，几乎每学期都能拿到奖学金。但相比有些同学成绩一般却早早地在大三就确定了职业目标，我是一直不知道自己最想做的是什么。

这可能也正是我们这代人在离开高考这个目标之后的困

境。大学之前,有着非常明确的目标,那就是高考,所以可以聚焦目标,斗志昂扬。但进入大学之后,忽然发现自己迷茫了,有很多选择,但就是不知道哪个选择对自己是最好的。这个时候缺乏自我认知的人就容易掉入选择陷阱。

所以大四毕业的时候,不知道该去干啥的我直升了研究生。但这两三年的时间却成为麻木青春的一种浪费。学的不是自己感兴趣的专业,最后收获的也就是草草混了一个文凭。

这种情况维持了很多年,一直到2014年我才真正找到自己的使命与热爱。

"空心病"的核心问题是缺乏清晰的意义感、使命感与价值观。没有了这些,一个人势必会活得很苍白。

二、学霸成为中等生:东西方差异带给我的第一份觉醒

2007年,我选择了去美国留学。最初我在华盛顿州立大学攻读传播学学位。对自己的学习向来信心满满的我却发现自己这次在学习上遇到了一些问题。文化冲击与转换是一个原因,但最重要的根源还是在于自我认知的缺乏。

每次草拟一个研究课题或者实验项目的时候,我发现自己一片茫然。而这时候,那个领头人永远都是我们组里那位"最资深"的美国同学,那位已经非常清楚自己以后就是要成为传播领域学者的美国同学。而我则大部分时间只能跟着"打酱油"。

在严谨的学术体系下,想"打酱油"基本不可能。进入传

播学院就读没多久,学校要求每个人根据今后要聚焦的研究,选择对应的导师和专业上的主攻方向:跨文化传播或者健康传播。

第一次,我发现自己的茫然,这个也喜欢,那个也喜欢,不知道自己的热情到底在哪一块,纠结了很久。

可能因为从小到大乖乖女的特性,让我很少面临艰难的抉择。一切的事物对我来说,都非常的顺理成章。一切的结果,似乎只要我去做就可以了。我不用去想自己最喜欢最适合的是什么,反正世界总会赋予我不错的结果。

但一个卓越的人生,绝不会是这样的。

去美国留学,东西方差异给我带来的第一份觉醒就是:清晰你的热爱,去做你足够热爱的事情。

可能很多人觉得"寻找自己的热情"这件事非常空洞不现实,读个书,拿个文凭傍身就足够了。但是在这里,只要是踏入研究生项目的人,大都清楚自己职业的终极目标和聚焦方向是什么。在这个基于真正热爱的学习体系下,我发现与身边的同学相比,自己的优势没有那么明显了。

做科研,需要的并不仅仅是严谨,还有热爱!

三、"完美职场人"得不到小红花:低谷中的人生蜕变

虽说人无完人,但在职场上,我是一个极其认真负责的人。我所遵循的模式其实一直沿着乖乖女的路径,讨好顺从,渴求认可,时时刻刻期待那朵"权威者"奖励的小红花。我的第一份工作是在一家出版集团当编辑。记得进单位的那年,

一位老师带着我们所有的新人做了一份索引的项目。那是一件特别需要仔细、耐心与认真负责精神的事情（不信你可以去翻翻身边一些工具书的索引）。

许多在一起的同事做到最后草草了事，只有我，从头到尾都严谨以对。这份认真负责的精神获得了当时带教老师的认可。

我的这份认真的精神、负责的态度在职场之路上获得了许多老板的认可，但并不是全部。

2011年，我从美国去了香港。在香港的职场上，我第一次感觉自己以往成功的金钥匙——认真、讨好与顺从完全不起作用。

本身香港的整体工作环境与内地甚至是美国都不太一样，压力更大一点。在那份工作中我遇到的上司，是一位喜欢控制、完美主义、注重细节的印度女老板，在她那里基本得不到任何称赞，取而代之的是对不足之处的指责。

现在回想起来，我可以理解她与我的模式之间的差异，而且我可以看到她也承受了许多来自她的老板的压力。但那段时间的确是我人生的至暗时刻，几度感到非常抑郁。

印象很深刻的是，有一次我们从香港去清华大学出差筹办一个活动。临行前，老板就给到我很大的压力，督促我务必要协调好活动各方面事宜。所以活动前一天，我一直在不断地与活动协作方进行沟通协调，甚至晚上自掏腰包请他们吃饭，精神高度紧张。第二天一大早我就来到会场，安排各项事宜。当中还出了一个小插曲。因为安排好来布置会场的人稍微晚到了一点,当时老板大发雷霆,甚至自己撸起袖子要上台去张罗。其实我们所预留的时间还比较充足,对方也没有晚太久。但是她在这个过程中所释放的情绪给我带来了很大的影响,心里一直觉得很压抑。

经过两天高压的筹备,活动总算圆满结束。但是同样,我没有得到上司任何的好评与赞扬。第二天晚上我搭乘最后一班飞机回香港,在机场,我感觉自己心力交瘁。

而且在这份工作中,我又经历了现实与愿景之间的极大不匹配。这是一家连新中心成立,都能邀请到前特首董建华以及当时的香港特首曾荫权为之站台的国际机构,办公室位于香港最中心的地段——金钟。我设想能够在这样的一家国际知名 NGO 工作很有意义,很高尚。后来却发现,工作内容与环境虽然高大上,但却并非自己所爱。

人生的低谷,让我对自身有了更多的思考:

虽然之前相对顺遂的人生让我看似有不少成功的表面,但内心深处却极其渴求他人的认可,喜欢去讨好。一旦事情的发展不是我预料的结果就容易陷入负面情绪,久久走不出来。对这个世界,更多的是怨怼,而不是感恩。

这也让我再一次意识到,原来我压根不了解自己,原来我之前的模式是有问题的。

这种"乖乖女模式"中对认可的极其渴求,是我人生的软肋。可以说成也萧何,败也萧何。它会让我认真负责,履行自己的责任。但同时,也会让我在没有得到想要的认可时,灰心丧气,受到打击。这种极度追求亲和追求宜人的"乖乖女模式",让我惧怕冲突,太习惯为别人而活,却让明确自己的愿望成为一种困难。

这种问题,这种自我认知的不清晰所带来的负面影响不仅仅是不知道自己要什么,它还会造成特别在乎他人评价,难以承受一点批评,容易放弃。正因为不知道自己要什么,很多时候,得到老师、父母、领导,以及其他相关人的认同成为我人生的优先项,而忘了,其实追求自己的愿景与目标,才是人生最为重要的事情。

同时,也正是因为一直以他人的评价来定义自己,所以我不知道自己是谁,不清楚真正的自己是怎样的。

我开始认识到,之前我做出的所有选择和努力都是基于自我意识缺乏的外部探求,更多是一种随波逐流。这条寻求外在动力与认可的路并不能让我获得内心真正的喜乐与满足,所以在做很多事情的时候,我会缺乏坚定的意志与稳定的心态。而想要实现人生蜕变,只有一条路:那就是迈入内在探索的洪流。

2012 年,我开始关注女性的自我内在成长并成立了一个女性成长机构——"为伊女性"。因为"伊"在古文中表示她,"为伊"可以理解成 for her,我希望能够做一些可以真正帮助和启发女性的事情。

那段时间,我在网上搜索并且接触了许多国外的成长机构与相关的专家。当时很有幸联系上了总部位于纽约的知名女性职场助力机构 Catalyst 的副总裁 Debbie Soon。她是一名祖籍上海的美籍华人,我和 Debbie 初见面就感到无比的亲切。虽然我们生活在太平洋隔海相对的两岸,但是我们线下在香港、上海与美西见过好几次面。她也成为我的职场导师,为我社区的女性们分享过自己宝贵的职场人生经验。

2014年,我入职了一家领导力机构,在这份工作里,我接触到更多的领导力专家学者,并开始留意到教练(coaching)这个行业。

国际教练联合会是这样定义教练的:教练与客户是合作伙伴关系,在一个发人深省和富有创造性的过程中,去激发客户最大程度地挖掘其个人及专业上的潜能。教练过程往往能解锁之前没被发掘的想象力、生产力和领导力。

我第一次发现,原来世界上还有这么一个美妙的行业。回望我自己的人生经历,如果在我的职场生涯早期,能够得到一位教练的帮助,那真的可以避免走许多的弯路。

后来我开始了教练与自我成长的学习,直到这时候才真正明确了什么是我有热情并希望从事一辈子的事业。那是2014年,我35岁,我真正成熟的元年。2015年,我注册了一家公司,投入女性成长与教练工作,一直到今天。

所以现在回望,我很感恩所经历的这些事情,让我逐渐找到了真实的自己,让我收获了人生中最好的一份礼物——自我认知与觉醒。

心理学家武志红老师说:"自我成长,不是走向完美,而是走向真实。真实,才是修行的开始。"

觉醒与认知,才能帮助一个人走向真实与通透,从而走向最好的自己!

▶ **思考时刻**

1. 回望你自己过往的经历,看看哪些事情对于今天的你特别关键,它们某种程度上成就了今天的你。把这些事情列出来。

2. 在哪些事情上你可以看到自己是被局限的?

第二章
智慧与通透的基石：自我认知

> 认不清自己的人，每一个明天都只是昨日重现。
>
> ——佚名作家

"认识你自己。"几千年前，哲学家苏格拉底就将这句刻在希腊德尔斐神庙上的铭言作为自己的哲学宣言。到了今天，这句话对21世纪的人类来说仍然有着莫大的意义。因为，认识自己是人生智慧与通透的基石。

一、自我认知——个性成熟的标志

2016年，心理学家武志红出版了《巨婴国》，震撼了国人的内心。

武志红发现，我们90%的爱与痛，都和一个基本事实有关——大多数成年人，心理水平是婴儿。这样的成年人，是巨婴,这样的国家,是巨婴国。

婴儿或者孩童很多时候的状态是不自知,缺乏认识自己与认识他人的意识。我们可以保持"历尽千帆,归来仍是少年"的赤子之心,但却不应该陷于到老仍是婴儿的无知状态。

婚姻中许多妈宝男、妈宝女的出现,正是与一个人缺乏自我认知的状态有关。

"真正的成熟,应当是独特个性的形成,真实自我的发现,精神上的结果和丰收。"

所以,认识自己,是一个人成熟的最重要标志。

我的成熟元年是2014年,那一年,我35岁。这与我生理上的成熟,是否已经踏入社会,或者是否已经迈入婚姻都无关。

唯一的标准就是,我是否具备了认识自己的意识。

在那之前,我很多时候都在重蹈覆辙,在那之后,我虽然可能仍会继续着自己的模式,但却会在遇到问题时,慢下来,审视一下自己。我的生命不再是扁平式的昨日生命的重现,而已经成为螺旋式上升的创新型的生命。

在我人生处于转折期的那些年,我发现自己身上有一个缺点亟待改变,那就是经常不开心,遇见挑战困难或是别人的不认可,内心的世界就会崩塌。我曾经特别不接纳自己,认为自己不够强大理性。但其实这个问题背后的根源正是自我认知的缺乏。因此,我开始通过一些自我认知和积极心理学的练习刻意修炼突破自己。为什么我那么执着地认为认识自己是解决问题的契机,就是因为自己经历过这个过程,也收获了很大的成长。

因此，我认为对于一个人，尤其是女性来说，精神层面独立的重要性要远远大于其他层面的独立，包括经济层面。追求灵魂丰富，精神满足的重要性，要远远大于物质的泛滥与成就。

这几年，女性意识的崛起成为一个热门词，越来越多的文艺作品，包括电影、电视剧、小说开始探讨这个领域。但我认为，对于女性意识觉醒，最为重要的就是自知。认识自己，了解自己，才能拥有更为成熟独立的生命。

二、自我认知——亲密关系的钥匙

现代社会中，婚姻是一个很大的痛点。在我认识的朋友中，就有不少受困于婚姻问题。

许多时候，分开的双方往往会用一句个性不和来总结婚姻问题的症结。所谓个性不和，本质上，其实是不了解自己，不认知他人，也没有改变自己的动力。自媒体作家妙黛有言曾经在一篇文章《所有觉得自己嫁错了人的女生，都是没有看清自己》中提到，"一个人能够处理好与自己的关系，就能处理好婚姻的关系。一个人没有认清自己，自然也无法处理好与他人的关系"。

因此我们会惊讶地发现，许多离过一次婚的人，再次踏入一段婚姻后的离婚率也会很高。根据有关部门的统计，我国再婚的离婚率，竟然高达60%以上，这是一个令人非常吃惊的数字。

这是因为，许多夫妻之所以离婚都是由于在婚姻中没有认识自己，摆正自己的位置，也没有摆正对方的位置。如果在结束一段婚姻之后，还是处于原来的自我模式，那即使进入下一段婚姻，也有很大的可能性重蹈覆辙。

而一个找到自我、认知自身的女性，一定是一位好妻子。

同样的道理，一个找到自我、认识自己的男性，一定也是一位好丈夫。

我很喜欢的自媒体大咖张辉老师在一篇题为《什么样的女人适合结婚》的文章里提出，最适合结婚的女人只有一个刚性条件：有智慧，即知道自己想要什么。他认为："如果一个女人能准确地定位自己，明确知道自己到底要什么，可以放弃什么，能给恋人足够的空间，善于关爱对方，无论是物质还是感情上都坚持有来有往，和家长相处有独立主见，善于倾听，喜欢通过平等交流而非吵架去解决矛盾，这就是极有智慧的表现。"

在文末，他呼吁如果身边有这样的单身女子，一定要主动出击，这将会成为一个男人一生最为重要的选择。

这让我想到了热播剧《知否知否应是绿肥红瘦》里由赵丽颖饰演的盛明兰。这位盛家的庶女就是一个在家庭关系中有"智慧"的女人。我一直认为这部剧是非常好的家庭婚姻关系剧，虽然发生在宋朝，但对于现代女性的婚姻与择偶有着很大的借鉴意义。

在亲密关系培训中，有一个非常好用的工具——爱的 5 种语言，其实就是帮助一个人认识自己并且认识他人的好工具。

肯定的言辞,身体的接触,礼物,高质量的时间,服务,你如何给这5种爱的语言排序,哪个是你最渴望的,哪个是次需要的?排序完了自己的,你的爱人又会如何给这爱的5种语言排序呢?他(她)最需要的会是什么?如果不确定的话,与他(她)确认一下吧!

我发现在亲密关系中,很多女性容易犯以下毛病:

一是公主病,就是希望自己像公主一样,停留在谈恋爱的时刻,永远获得爱人的无缝关爱与接纳,接受他们对女性之"美"和"权威"的顶礼膜拜。其实这是对男性极大的认知缺乏。男性,从天性上是渴望被崇拜被赞赏的。长此以往,这样的婚姻出现问题是必然的。

二是放弃自我病。在家庭的前景上,在事业上,自己处于一种放弃的状态,却期待对方可以努力奋进。有点类似于我们说的,将自己的梦想寄托在他人的身上。有时这容易给夫妻双方带来很大的张力。《我的前半生》中,马伊琍扮演的妻子罗子君在离婚前就处于这种状态。

三是嫌弃病。这有点类似于心理学中的追逃模式。一方表现得对对方充满了嫌弃与鄙视,而且通过语言与非语言信息表达出这些嫌弃,可内心却又期待对方的爱。这种矛盾的表现,会让双方的距离越拉越远。女性往往容易因为男性逃避的状态变得越来越歇斯底里,最终导致婚姻走向破裂。

这几年,我在教练过程中接触了许多婚姻案例。婚姻的问题,虽然是一个巴掌拍不响,双方都存在可以改善的空间,但如若一方可以先认识到自身的问题,寻求改变,那原本看似无解的婚姻难题就可以呈现很大的改观。

三、自我认知——亲子关系的钥匙

一位在出版机构工作的朋友说,根据他们出版社的图书销量,她观察下来,女性最热衷的主题就是孩子教育和亲子关系,可见家庭教育是许多母亲的痛点。

市面上关于育儿的理论层出不穷,但很多时候,打开亲子关系的钥匙其实就是一位母亲的自我认知。我也始终相信,一个能找到自我、认知自身的女性,也一定能成为一位好妈妈。

不知道你有没有发现,许多时候,孩子其实可以成为父母的老师。我们对待孩子的方式,往往是父母自身童年的再现。亲子关系,是父母是否成熟的映射。养育孩子,可以让父母学习到很多。亲子关系中出现的问题,也经常会迫使父母反思自己的成长历程、思维模式、情绪模式。

我的一位被教练者,在女儿一年级时,曾经因为孩子基础薄弱,成绩糟糕而情绪低落。那段时间她心情不好,经常对孩子拉着脸,说话语气也不好,导致孩子在妈妈面前非常地谨小慎微。

有一天,女儿问妈妈:妈妈,你为什么不开心?女儿的问题启发了母亲的思考。通过一些自省,她发现,自己开心不起来,担心恐惧,不是因为孩子成绩糟糕这件事本身,而是因为自己内心的恐惧:害怕他人怎么看这件事,尤其是丈夫的看法、婆婆的看法。他们会不会认为自己教育孩子很失败。这种恐惧给她带来很大的压力。而这份恐惧的起源,是她自己想要他人开心的讨好型人格。

小时候,作为一个留守儿童,她与爷爷奶奶住在一起。因为奶奶是一个很冷漠的人,很少回应她的情绪,养成了她善于察言观色的性格。因为不和母亲住在一起,一年只能见母亲两三回,她对母爱又很渴望。尤其当她看到妈妈爱妹妹,自己也同样想要得到妈妈的疼爱和夸奖,所以会很乖,会去做一些让妈妈开心的事,希望通过这些事情让别人看到自己。

踏入婚姻之后她也呈现出了同样的模式,她会迁就丈夫,但发现自己越迁就对方,对方反而越看不上自己,觉得她软弱无能,对她呼之则来,挥之则去。

因为讨好型人格,她过得很辛苦,经常会去猜测别人开不开心,压抑自己的情绪。后来通过自我认知去看见自己后,她开始学会说"不"。于是,她的婚姻状态有了很大的改善,而婚姻关系中的变化,又让她成为一个更好的母亲。

当一个人做回自己,看到自己的优势,爱自己,尊重自己,立界限,身边的人都会尊重你。

当一个母亲认识自己,她就能管理好自己的情绪,清晰地去沟通,给孩子做榜样。

当一个母亲认识自己,她就能在生活中润物细无声,给予孩子有力量的鼓励。

当一个母亲认识自己,活出真正的自己,孩子也能感受到妈妈有力量。

其实很多时候孩子表面上呈现出的问题行为,是父母在生活中给予的,父母自己正是导致孩子出现一系列问题的导火索。所以自我认知是亲子关系的基础。接纳自己,就可以自然而然地接纳孩子。接纳孩子以后,才能有力量去帮助他。

在家庭中,其实最忌讳的,就是每个人都活在自己的世界中,只看到自己世界的树木,迷失了自己与他人世界的森林。看不清自己,也看不清他人。

四、自我认知——领导力的核心

提到领导力,很多人存在着误解:认为领导力只关乎位高权重,离自己的生活很远。其实,每一个人都可以活出自己的领导力与影响力。领导力可以是一件很美丽的事情。

我特别喜欢的领导力定义,来自通用汽车公司前主席与首席执行官杰夫·伊梅尔特:

> 领导力是一个旅程……它是一个不断自我认知和自我更新的过程。

只有当你清晰地认识自己,并不断地完善与成长,你才可以最大限度地发挥潜力与影响力,才有可能去引领更多的人群。清楚地认知自己之后,你才可以更好地与他人建立团队协作,你才可以更好地发挥出自己的优势领导力。

这一点我自己有很深的体会。之前我从未想过自己会是一个有领导力的人。因为我的个性偏内向而非外向开朗型。

但现在我觉得自己的影响力和领导力至少可以打 7 分（满分 10 分）。因为我做到了两点：

一是认识到发挥自己身上的哪些品质可以帮助我收获拥趸。而这些品质，都是我的优势，包括了我对他人的关怀，我的真诚，我的感受力与表达力，我在精神方面的引领力。

二是因为找到了自己的使命与愿景：帮助女性成长。

正如中国人民大学商学院冯云霞教授在她的译作《希拉里领导力》中所写："只有当我们善于建立和自身的连接、和他人的连接以及和使命的连接时，我们的领导力才能被催生出来。"

领导力是一场旅程，人生也是一场旅程。这场旅程美丽精彩与否，取决于你有没有清清楚楚地认识自己，淋漓尽致地活出真实的自己，勇敢执着地自我更新与迭代。

世界银行前 CEO 南希·巴里关于领导力与自我认知提出了她的最好建议："要抽出时间了解自己，找到自己的激情。要发掘自己的内心，找到自己的力量源泉和人生目标。只要你能够做到这一点，就能够改变这个世界并且在自己的人生旅程中获得真正的快乐。"

五、自我认知——幸福人生的必要

畅销书《当下的力量》里，作者埃克哈特·托利在开篇讲了这样一个故事：

一个乞丐，在路边坐了 30 多年，天天拿着一个旧棒球帽向人乞讨。一天，一个陌生人路过，乞丐照样机械地举起帽子:"发发善心,给我一点施舍吧!"陌生人摇摇头说:"我没有东西可以给你。"他看到乞丐坐在一个箱子上,就好奇地问:"你的箱子里装了什么?"乞丐回答说:"只是一个旧得不能再旧的箱子,从我有记忆起,就坐在这上面,从来也没有打开过,里面还能有什么呢?"陌生人说:"何不打开看一看,又花不了多少力气。"在陌生人的坚持下,乞丐试着打开了箱子。令人意想不到的事情发生了,乞丐充满了惊讶与狂喜:箱子里面竟然装满了金子,闪闪发光。

这个故事给了我很大的震撼。也许我们中没有一个人在物质上是乞丐,但是心灵匮乏,安全感、情感不足的人却比比皆是。

> 那些没有找到他们真正的财富,也就是本体的喜悦以及与它紧密联系在一起的、深刻而不可动摇的宁静的人,就是乞丐,即使他们有很多物质上的财富。
>
> ——埃克哈特·托利

正如绝大多数人都在倾力追求幸福。可是幸福从哪里来,我们又如何可以获得幸福呢?我特别认同海蓝博士的那句话:"幸福从来不是来源于远方,而是来源于觉醒的自我。"

幸福,不是一种随机现象,幸福需要我们刻意去看到自己身上"伟大的种子",并且意识到改变是可能的。《哈佛幸福课》的主讲人塔尔博士指出的"伟大的种子",就是每个人身上的优势,那是一个人真正的财富。找到自己身上"伟大的种子",才能实现真正的幸福。

这几年,我一直在努力找到并且活出自己身上"伟大的种子"。通过创作、分享、教练、对话,不仅形成了一定的影响力,也收获了自己的幸福。

武志红老师说,生命的根本动力是成为自己。在解释什么是自己,我们又怎样成为自己时,他引用了人本主义心理学家罗杰斯的看法:

> 所谓自己,就是一个人过去所有生命体验的总和。假若这些生命体验我们是被动参与的,或者说是别人意志的结果,那么我们会感觉我们没有在做自己。相反,假若这些生命体验我们是主动参与的,是我们自己选择的结果,那么不管生命体验是快乐或忧伤,我们都会感觉是在做自己。

有动力才能有幸福,我在 2012 年和 2014 年所做的两个重大选择也验证了这一点。

2012 年,当时任职于香港一家国际非营利组织的我,迷茫于工作中价值观与意义的缺失,选择了辞职,开始了自己的女性学习社区"为伊女性"的筹备工作。

2014 年内心一直对个人成长与支持关怀有着热情的我选择了投资自己,去学习教练专业。虽然当时的这份学费让我有一些犹豫,但是这份学习经历却成为我非常庆幸的一个选择,也推动了我今天在女性成长领域的发芽。

投入成长与教练领域非常符合我内在的基因。现在回想起来,早在将近20年前,我就展现出了对激励他人成长的强烈兴趣。

2004年我写研究生毕业论文,不知道为何就是对激励这个角度特别感兴趣。因此当时论文的主题就定为"如何设计基于激励的英语学习网站"。在论文的写作过程中,我研究了许多激励理论,甚至今天,这些研究都能够继续为我所用。

2005年我任职于一家出版集团,内心有着非常强烈的渴望想做一本汇集各大英语高手,讲述他们成长故事的书。老实说,当时的成书过程是非常不容易的。我搜集了国内12名成长背景各异,但最后都成为英语高手的案例。除了期待能够给予读者一些具体的英语学习方法指导之外,更希望通过这些故事激励读者面对生活的态度。

人生很奇妙!这些生命的根本动力在推动着我做出一步步的人生选择,今天竟然能成就这样一个自己压根意想不到的"我"。

这几年,生活虽然也起起伏伏,但整体上我对自己生命质量的评价是:幸福与自主。如果让我给自己的生命满意度打分的话,我想打8分。这已经是很高的分数了哦!

在追求成功幸福的这条路上,每个人都需要人生的楷模,但是没有一个人的经验完全适合他人,大部分人的成功幸福都与其独特的背景与经历分不开。

歌手李健在其母校清华大学的一场演讲中分享过这个观点,让我印象深刻:"任何经验基本不具有普遍性,自己的经验是最重要的。一个人最快乐的是拥有仅仅属于自己,而仅有你才能得到的如此巨大快乐的生活。这是一件需要智慧的事情,这跟你有多么高的权位,有多少钱,没太多关系。"

就像上文提到的那个乞丐,他渴望别人的给予与施舍,却忽略了真正价值巨大的财富其实就在身边,那是属于他自己的东西!

当一个人可以认知自己、淋漓尽致地活出自己、勇敢地作出选择的时候,他是特别幸福的,当他到了人生的终点,也会没有遗憾,活得释然!

所以,幸福并不是创造出来的,幸福,需要你去发现与认知。你真正的幸福财富也许并非远在天边,而是近在眼前!

▶ 思考时刻

1. 自我认知在个性成熟、亲密关系、亲子关系、领导力与幸福人生这几个领域的意义与价值,哪一点是让你最有感触的?试着根据以下表格列一列。

	个性成熟	亲密关系	亲子关系	领导力	幸福人生
我对我自己的认知					

2. 你的身上有哪些"伟大的种子",请简单列出并与最信任的朋友分享一下。

第三章
你与通透之间的距离,是你与自己的距离

> 要好好珍惜自己的名字:记得自己是谁,便知道自己要做什么,要走什么样的路。
>
> ——宫崎骏《千与千寻》
>
> 人有时会失去自己,所以人确实应该经常要去找寻自己。
>
> ——佚名作家

一、经典人生探问:认知自己的灵魂三问

我们的探讨始于三个经典的人生探问:

你是谁?

你从哪里来?

你往哪里去？

这个著名的人生灵魂三问据说是由古希腊哲学家柏拉图首先提出，数千年过去，文学家、艺术家们，针对这则探问不断地创作经典，比如法国画家保罗·高更的旷世名作《我们从哪里来？我们是什么？我们到哪里去？》

但人生灵魂三问的奇妙之处还在于它不仅是金字塔顶尖精英们思考的阳春白雪，也是普通人，包括小区门口的保安经常发出的问题。

对于这三个问题，你能清晰地给出答案吗？

如果你的答案，仅限于我是某某某，我是一个女儿/妻子/妈妈，我是一个医生/老师/创业者，我从（哪个省份，哪个城市）来，我想要（考哪个大学），想要（去哪里工作），想要（去哪个城市）。抱歉，我只能给你的自我认知打3分。

你的名字只是你身上最为原始的标签，而且这个标签还是他人给予的。

你的家庭或者社会角色只是你人生的一部分，事实上，很多人都是一个女儿/儿子/妻子/丈夫/妈妈/爸爸，你自己的独特性又在哪里？

你的籍贯只是你地域上的起点，并不是你人生的起点，而你所有想要的这些东西，是社会或他人的强加与影响，还是你真正想要去往的终点？

关于"我是谁"，很多人的答案可能都来自自己的固有身份。但有时身份也会阻碍我们去认识活出真正的自己。因为一个太过于固定的身份会局限一个人的思维，阻碍他去发掘自己真正的潜力。

为什么我觉得对于女性来说活出真正的自己可能更难更重要，就是因为在女性的生命周期中，其实会因为多种身份而限制了她的潜力焕发。

最明显的就是"母职惩罚"。在阅读百事可乐公司首位女性 CEO 英德拉·努伊的书《第一选择》时，一个很大的感受是，作为两个孩子的母亲，英德拉是非常幸运的，背后有着来自她家庭的支持。在百事可乐历史上，曾经有另外一位女性也因为出色的能力进入战略高层，但后来因为平衡不了家庭与事业而退出了。

在我最近的一场教练对话中，我也看到了身份对自我的局限。一位两个孩子的妈妈希望能够找到一份副业寻找自己人生更多可能性。她是一位好妈妈，也是一位好妻子。结婚前，她在自己所属的时尚行业做得不错，还曾经有过创业的想法。但结婚之后为了家庭，她放弃了很多。作为教练，我非常希望她能在当前的母亲与妻子角色之外，重新找到对自我来说同样重要的事业角色。

> 我们将身份与自我混为一谈，而身份会遮蔽自我。身份阻止你成为真正的自己，它会误导你，让你相信它就是你……用一个单一的、固定不变的身份标签来描述自己，简直是在侮辱你的广阔无垠，在遮蔽和压制你的无穷潜力。
>
> ——奥赞·瓦罗尔《为自己思考：终身成长的底层逻辑》

曾经有人问过印度著名的哲学家泰戈尔三个问题：世界上什么最难、世界上什么最容易、世界上什么最伟大？

泰戈尔回答说："认识自己最难。指责别人最容易。爱最伟大。"

可见认识自己真的是项大工程！

二、真实的你，到底是怎样的？

在真人版电影《狮子王》中，主角辛巴曾经在他的父亲木法沙不幸被叔父刀疤害死之后，逃离了他原先生活的狮群，隐姓埋名地生活在他地。

这时候他将"我是谁"深深地埋藏，得过且过，试图忘记痛苦。

一直到狒狒长老拉飞奇找到他，他才重新认识到"我是谁"。他并不只是一只得过且过、毫无影响力的狮子。相反，他是狮子王，身上担负着除恶扬善，维护草原正义与平衡的重任。

因此，辛巴最后义无反顾地回到狮群，回到草原，铲除刀疤，重拾正义。

我最喜欢的动画片还有迪士尼版本的《木兰》。在开篇，木兰像寻常女子般施以粉黛，端茶递水，希望可以获得媒婆的青睐，但最后搞砸了，还被媒婆羞辱了一番。其实这正是塞翁失马，焉知非福。

"施以粉黛，端茶递水"这压根就不是木兰真实的自己。活出真实的她，是一个智慧、勇敢、神采飞扬的女性，可以保家卫国，扫除匈奴。

成为自己，可能是一条长路。在这条成为自己的路上，我也经历过好几次人生的抉择。

毕业于外语院校，所以我从刚毕业到读研这段时间，曾经做过许多的翻译工作。2001年，我参与上海国际电影节，作为意大利导演乔治·罗杰斯的翻译。当时我接待他和夫人在上海度过了将近一周的时间，彼此之间也建立了深厚的友情。

2001年至2003年，我还为许多国外来访的商业和文化友人做过翻译。但很快我意识到翻译并不太适合我的个性与热情。因为有这么两件事情是我内心极其喜欢而且更有天赋的。一是创造。大学期间，凡是涉及创造的课程，我的成绩都能名列前茅。从摄影到摄像，到写作，再到录音录像制作。基本上每一门课，我都能以自己的作品斩获前几名。二是分享。我是一个极其喜欢分享的人。在大学期间，我就已经积极在带领一些女性成长的社团，而且乐此不疲。直到现在，我还仍然与一些当时在社团中的女性保持着联系，她们回想起当时的时光，也充满着怀念与感激。

所以最适合我的一定是结合了创造+分享的一个角色，那才是真正成为自己的一个角色。只是在我的职场初期，这个角色的清晰度还有待时日的打磨。

其实我们大多数人，都有点像《狮子王》里的辛巴。需要这样的一段英雄之旅，重新成为自己，重新找回真实的自己。但一个人与真实自己之间的距离，可能还很远！你可能需要迈过很长的路，才能到达那个真实的核心。

三、冰山理论与洋葱模型：带你探索未知的"我"

能够让我们认识到"现在的自己"与"真实的自己"中间漫长距离的莫过于心理学上的一座冰山。

知名的冰山理论由美国最具影响力的心理治疗师维琴尼亚·萨提亚提出：一个人的自我中，可见的只是冰山之上、露在水面上那小小的一部分，只占整个冰山的1/8（也有一些理论说是5%或10%）。

这一部分可见的，仅仅是表面的行为。而冰山之下那么大、那么深的部分，却仍然是隐藏的、未知的。其中包括我们对人对事的应对方式，我们面对事情的感受，我们对自己、对他人的期待，我们内心深处的渴望，我们最深处的自我。

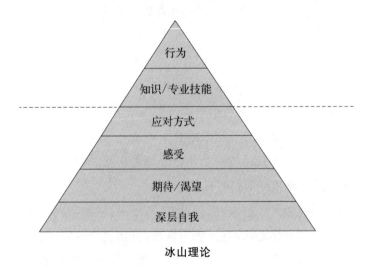

冰山理论

比如许多女性，都会觉得自己深受情绪的困扰。其实当一个人情绪发作时,这只是她的行为展现,而情绪的冰山之下仍然蕴含着很深的内在渴求、期待、长期思维模式,等等(我们会在第七章详细分析情绪)。

冰山之下更大的山体,是一个人长期被忽略被压抑的内在,认识了这部分内在,可以帮助一个人看见自己,并且活出真正的自我。

美国管理学家比尔·乔治也在他的著作《真北》里面谈到了类似的一个自我认知剥洋葱模型。他认为一个人认识自己的过程有点类似于剥洋葱,那是一个由外向内、边剥边流泪的过程,但却会让你深入到达生命的最柔软之处。

一个人的外壳就像洋葱的外表皮,那些粗糙、坚硬而复杂,可能用来保护自己的一面,包括语言、外貌、服装、领导风格等。再往里面,是一个人的强项、弱项、需要、欲望、价值观,而更深层则是盲点、阴影、生活经历、脆弱之处,一直到核心是真诚自我。

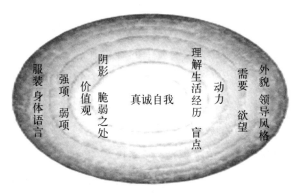

自我认知之剥洋葱

图片来源:Bill George, Peter Sims《真北》

冰山也好，洋葱也好，都指向一个隐藏未知的"我"。所以，一个人需要通过自我认知去更多地发现自己，从而释放自己巨大的潜能。

我曾经见过一些女性领导者，她们往常大部分时候着装偏硬朗，领导风格干练，不拖泥带水。这能说明她们的内心深处一定就是坚硬的吗？未必，有的时候你会发现，硬朗只是她们在长期的生活中所练就的保护自己的方式，而她们真正的内心，可能是极其柔软的。

正因为表面的自己与真实的自己之间有漫长的距离，所以能够活出真实自己的人不多。

我的学员中，大部分都是非常优秀的女性。但优秀归优秀，你会发现，她们仍然免不了经常在两重自我之间纠结、打转。

可能一面是积极向上、充满自信的自我；一面是痛苦压抑、没指望的自我。一面是影响力巨大的自我，一面又是狭隘、自私的自我。电影《指环王》中那个摇身一变，总是自己与自己对话的小人，在现实生活中的确存在着。这是因为在每个人的大脑中，都有着"两重大脑"之间的争战。

四、摆脱原始大脑，激活高级大脑，活出更好的自己

斯坦福大学医学院主任唐·约瑟夫在他所写的《摆脱焦虑》一书中指出，人的大脑中有两个主要系统，一个是"高级大脑"系统，更专业的生物学名词为前额叶皮层，这一部分带来了人类的智能大脑。

唐·约瑟夫形象地比喻,高级大脑是一个人人性中"好天使"的居处,它会推动一个人追求卓越,扩展疆界,掌控一切,充满喜悦。

而第二个系统是次级大脑或称原始大脑,这是一个人应激反应系统的所在地,由大脑的恐惧中心——杏仁核控制。非常关键的一点是,杏仁核的智能是反应性无意识的,而不是分析性的,因此,它容易将一些相似的情境误认为是危险,带来痛苦、焦虑、抑郁等消极心理状态。

"一朝被蛇咬,十年怕井绳",其实讲的就是原始大脑起作用的状态。在远古时代,这样的模式也许适用,但进入文明社会环境的人类,再依赖"恐惧至上"的杏仁核只会带来消极糟糕的结果,离自己的最佳表现与真实自我,越来越远。

这也解释了为什么那么多人穷尽一生都活在外在的期待和安全的求稳中,而非自我的追求和精彩的追逐中。我就曾经好几次活在"原始大脑"的影响下。

第一次是在高一结束,选择文理班的时候。文科成绩一直非常突出的我,因为那个刚刚走过"学好数理化,走遍天下都不怕"的时代,因为老师的一句"理科的选择会比较多"而最终选择了理科。当然那还是一个根本没有职业规划意识的时代,作为一个相信人生是旅程,任何时候都不会太晚的人,我并不觉得高中时代的文理选择会对今后的人生有关键的影响。现在的我并不后悔每一步的选择,也知道人生的每一段经历都有它的意义,只是尝试用一种更为理性客观的角度来审视自己。

第二次是在本科毕业的时候，内心对自己更有精彩期待与追逐的我，却最终因为害怕风险选择了直升研究生。结果回想起来这段时间仅仅带来"青春时光"中一份麻木的踏实，属于不清楚自己到底要什么阶段的另一份认真的"青春挥霍"。当然在审视的同时，我也会以积极欣赏的眼光去发现这段经历带给我的许多益处，接纳自己的选择，同时省察自己的选择。

第三次是在 2007 年出国时，我仍然按照之前的习惯行为模式选择了最为安全的传播系的申请，因为这更符合我的专业背景。可是当时我心心念念的其实是电影。当然出国留学的这段经历不仅带给我学术严谨方面的专业熏陶，同时，美国的东西海岸尤其是在华盛顿特区的工作生活大大开阔了我的视野。但是，我很清楚，我离真实的那份平和与喜悦却仍然有距离。

所以，要活出更好的真实自我，一个人需要摆脱原始大脑的局限，走出那些遏制自己成长的模式，将掌控权交给高级大脑。这件事的确不容易，但我们可以通过自我认知与觉醒来慢慢地达成。

五、平凡的灵魂如何充满光辉

活出真实自我的过程，是一个"找魂"的旅程。要找到自己的灵魂所在，因为这才是一个人一生最为宝贵的财富。

别觉得"找魂"这件事很内心，其实它的格局很大，高度很高，因为它关乎一个人的人生战略。

中国著名的战略咨询专家，智纲智库创始人王志纲老师曾经这样定义对于一个企业、一个城市，甚至是一个人和国家都至关重要的"战略"一词：战略就是面临关键时刻，要做重大抉择的时候，如何做正确的事和正确地做事。它的本质说白了，就是"找魂"。

不仅企业需要"找魂"的战略，个人也需要"找魂"的战略。

2015年，当我去美国做一个短期访问时，曾经遇见几位优秀的年轻创业者去美国参与一个企业参访团。十来天的时间里，他们参访了硅谷、美国东部等地区。在东部时，当地学生会安排了一些中国学生来接待他们，其中不乏哈佛等知名院校的学生。

但一位来自杭州的创业者和我们聊到了这次参访中自己遇见的一些女生，他形象地称她们"没有灵魂"。虽然表面上非常优秀，但是却喜欢讨好，喜欢依附。他提到的一个词让我至今印象深刻：灵商。相比智商、情商，灵商就是一个人的灵魂商数。甚至可以说，灵商是这三者当中最为重要的，只有灵魂的独立才能带来一个人精神的独立与强大。

其实女性对灵魂独立的渴求一直都存在。打开你的微信通讯录，找找联系人中有多少人给自己的英文名取为Jane（简）。相信很多人之所以喜欢这个名字，和英国女作家夏洛蒂·勃朗特的代表作《简·爱》有关。那是一个贫穷、平庸、经历坎坷的女性，但是她散发出的那种对自由幸福的渴望以及对更高精神境界的追求却让一个平凡的灵魂充满光辉。

你以为我会无足轻重地留在这里吗？你以为我是一架没有感情的机器人吗？你以为我贫穷、低微、不美、纤小，我就没有灵魂，没有心吗？你想错了，我和你有一样多的灵魂，一样充实的心。如果上帝赐予我一点美，许多钱，我就要你难以离开我，就像我现在难以离开你一样。我现在不是以社会生活和习俗的准则和你说话，而是我的心灵同你的心灵讲话。

作者通过简·爱之口所讲出的这句话，是一个女性精神独立的最高境界。

所以回到我们在本章开头提到的三个经典的探问：

你是谁？

你从哪里来？

你往哪里去？

这三个问题构成了你的灵魂基础，你应该如何回答？回答好了这三个问题，可以帮助你在面对任何选择时处变不惊，气定神闲。

先来看看恰恰姐的答案。

我是一名母亲、妻子、演讲者、写作者、自由职业者。我是一名国际认证成长教练，女性生涯规划、个人品牌、人生转型教练。

曾经，我是一个不认知自己的乖乖女，人生中经历了许多挑战与纠结。因此我在2014年开始踏上自我认知之路，希望能够影响中国一百万名女性，帮助她们自我认知，活出真实的自己。

那么，你现在处在自我认知的哪个阶段呢？

六、四种认知状态：你处在哪一层呢？

知名企业家傅盛在他的作品《认知三部曲》里提到了人的四种认知状态，分别是：

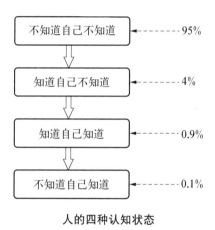

人的四种认知状态

95%的人，都是处于不知道自己不知道的状态，这是一种骄傲盲目、不认识自己的状态。

更加糟糕的是，这种情况还蕴含着未知的风险，这也是最可怕的风险。小孩就经常处于不知道自己不知道的状态。比如一个小孩不知道电的风险，他也意识不到自己对"电"的知识的缺乏，这时候就很危险。因此小孩需要大人的监督与保护。

面对未知的未知，计算机科学家吴军老师的建议是："要将未知的未知尽可能转化为已知的未知，再将已知的未知转化为已知的已知。对于无法防范的风险,将它的损失维持在最小。"

因此,更好地认知,可以避免我们陷入风险,不仅是为了成为更好的自己,也为了更好地防守。

4%的人,处于知道自己不知道的状态,这种状态的人,已经开始能认识到自己的问题与突破方向。

这一层境界,带来了大部分人的突破成长。正是因为看到自己的"不知道",所以选择去学习,去经历,这份对待生命的主动将其推向了第三层境界——知道自己知道的状态。

大约只有 0.9% 的人处于这种状态。这个层次的人,知识、能力、水平都达到了一定的高度,也知道自己的优势在哪里。

最高层次,是不知道自己知道状态的人,这部分人只占区区的 0.1%,人数微乎其微。但达到这种状态的人,往往可以成就卓著。因为他们永远怀着空杯心态,即使学富五车,才高八斗,也待人谦逊,不自大,不傲娇。也正因为如此,他们一直不停地在上升与成长。

你现在处于哪一层呢?

可能大部分人仍然处于第一、第二层。

但如果你已经处于第二层,我要恭喜你。因为你已经踏上了这段宝贵的自我认知成长之路。

我们的最终目标,是不知道自己知道。大部分我所认识的杰出人物,的确在活出这种状态。他们总是如此的谦逊、开放,从不自大。因此他们的人生,就像一潭活水,一直不断地在更新。

七、宝藏人生：你的生命是一段传奇

每个人都像一座宝藏，是隐秘、复杂而又宝贵的。

一个人，首先是自然无比精密的创造，有思想，有情绪，有头脑。

在电影《头脑特工队》里，单是一个人的脑部，就是一个何等复杂的世界。代表着情绪的小人们，进入这个世界，就像进入一个超级大的游乐园，里面有控制中心，有火车，有一座座岛屿，有深坑，一不小心，就会迷路。

根据科学研究，每一秒，在人类的大脑中，就大约有1 000亿个神经元向其他的神经元发送数十或者是数百次电波，从而产生人身上的一些真实的感觉。这何等奇妙！

知道一个人每天会与自己有多少句对话吗？

(24小时－6.5小时睡觉)×60分钟×60秒＝63 000句

假设一个人能活到80岁，那一生中，他与自己总共会有63 000＊365＊80＝1 839 600 000句对话。

人的一生，可以如此丰富与宝贵！

这么多的思想、对话、模式，都需要我们去更好地认识，更好地梳理，更好地利用。

在我与很多女性的深度对话中，经常会被她们的经历和思想所感动。这也是我一直觉得自己作为一名女性成长教练幸运的地方，在帮助启发他人的同时，我也从他们的故事中收获了更多的勇气与鼓励。

她们中,有"现代娜拉"挣脱富足但却缺乏爱与忠诚的婚姻生活,勇敢地让自己从头再来,并锻造出自身影响力的女性;她们中,有因情怀毅然放弃高管职位,寻求给社会或环境带来更多益处的创业者;她们中,有不被悲伤经历所限,却反而从经历中生发出更多勇气与灵感,并将这份爱与影响带给更多人的母亲;她们中,也有因为自己从小的留守儿童经历,长大成人后关注家庭教育,帮助家庭成长的女性……

她们的共同性在于,都在不断地探索与认知自己,从而越来越发现人生的宝贵与丰富,离真实的自己越来越近!

在畅销书《拆破思维的墙》里,职业生涯教育专家古典老师说:"你的生命是一个奇迹,任何人带着好奇心和疑问去探索自己传奇般的生命,都会远远获得超乎期待的回答。……你的生命有无数种可能,只要你敢于对自己的生命提问。"

还等什么,尽快开始这段向自己的生命发问,自我认知的旅程吧!

▶ 思考时刻

1. 根据"我是谁,我从哪里来,我往哪里去"这三点框架写出你的自我陈述。
2. 认知的四种状态,你现在处在哪一层呢?

第四章
通透觉醒需要克服的障碍

> 认识自己的无知是认识世界的最可靠的方法。
>
> ——蒙田《随笔集》

在我们迈入自我认知的洪流之前,先来看一看过程中可能会遇到哪些障碍。首先,我们需要回答这个问题:

人是可以改变的吗?

一个人身上到底有哪些方面是可以改变的,哪些方面是不可以改变的呢?

虽然蜕变很重要,但我们不得不承认有些方面的确没法改变。比如,固定的外貌,受遗传影响的一些特质和个性等。

在美国,研究者们曾经做过一个实验,将一些从出生起就被分开,在不同的家庭环境下抚养的同卵双胞胎进行比较研究。结果发现,这些双胞胎,即使在差异非常大的环境下长大,他们身上仍然有一些受基因与遗传影响而非常相像的地方。又如被人收养的孩子的人格特质更像亲生父母,而不像养父母。因此,积极心理学的奠基人马丁·塞利格曼博士在《真实的幸福》一书里面提到了"50％"这个数据:

大约50％的人格特质是遗传基因决定的,但高遗传性并不代表不可改变,有些遗传特质是不可改变的,而其他遗传特质则是可以改变的。

一半对一半的比例,其实我觉得这个数字很公平。就像我们经常说的,一杯水,你到底是看到了已有的那半杯水,还是没有的那半杯水。

为了成为更好的自己,我们应该着眼于那已有的半杯水,看到有着许多可能性的那半杯水,具备更多的成长性思维,而非固定思维。

相信"我",是可以改变的,向着更好的"我"攀登前行!

一个智慧的人生,可以明辨自己的"能"与"不能",就像那句著名的祷词:

> 上帝,请赐予我平静,
> 去接受我无法改变的。
> 给予我勇气,
> 去改变我能改变的,
> 赐我智慧,
> 去分辨这两者的区别。
>
> ——美国神学家尼布尔的祷文

我的个人特质，在很多年之前，因为原生家庭和所处环境的影响，是相对悲观的。因此，当面对挑战与问题时，我很容易抱怨外在环境，看不到改变的可能性。后来，我养成了每日写感恩日记的习惯，在一段时间后，竟然发现自己的特质中出现了"希望"(hopeful)这一项。

这是我非常珍视的特质，只有在任何环境中都充满希望，一个人才能做到积极主动，永不放弃！

因此我会鼓励我的学员和课程参与者，都养成写感恩日记的习惯。学技能需要刻意练习，更为重要的人生观念、态度的改变也需要刻意练习。

所以人可以改变吗？我的回答是一个大大的"可以"。只要你相信，而且去行动，你就可以改变。

想要改变，首先我们需要克服个人认知中的三重障碍：井底之蛙、盲人摸象与鲤鱼跳龙门。

一、井底之蛙——拆掉生命的围墙

曾经有一位朋友建议我一定要去藏区看看，因为那边有他认为最好的景色与风土人情。但生于江南长于江南的我，更喜欢江南文化，于是当时不经思索地回复了一句：藏区是我最不想去的地方。

但后来在朋友圈中，看到那位朋友给藏区的孩子和学校筹集冬衣与书本，他的那份大爱让我顿时感受到了自己的狭隘。

某种程度上，我们都是那只生活在井底的青蛙，都因为之前所受的教育、所处的文化等给自己建构了一面厚厚的围墙。

所以我特别喜欢的一个词是美国的一位学者提出的"unlearn",我将其翻译成"卸学习"。我们一辈子都在不断地学习新的事物,但到了一定的阶段,也需要把已经学习到的一些东西卸下,不要让它们成为障碍,以塑造自己的空杯心态。

因此我很欣赏领导力专家何辉——零导力公司的创始人。主张向内成长的她给自己的公司起名为"零导力",因为她认为在更好地成长之前,一个人需要让自己归零。归零了,才可以更好地吸收与突破。

二、盲人摸象——克服自身的盲点

有五个盲人,从没见过大象,不知道大象长什么样,他们就恳求国王让他们摸摸大象。国王应允了。摸完大象后,国王问他们:"大象是什么样的呢?"

摸到大象腿的盲人说:"大象就像一根大柱子!"

摸到大象鼻子的说:"不对,不对,大象又粗又长,就像一条巨大的蟒蛇。"

摸到大象耳朵的人急急地打断,忙着说:"你们说的都不对,大象又光又滑,就像一把扇子。"

摸到大象身体的人红着脸争辩说:"大象明明又厚又大,就像一堵墙嘛。"

最后,抓到象尾巴的人慢条斯理地说:"你们都错了!依我看,大象又细又长,活像一根绳子。"

几个盲人谁也不服谁,都认为自己一定没错,就这样吵个没完。

这几个盲人,其实也就是我们每一个人的写照。

虽然大部分正常人都是眼睛明亮,却都容易"不识庐山真面目,只缘身在此山中"。很多人活在自己的世界中,看不到,也出不来。

美国心理学家乔瑟夫·勒夫和哈里·英格拉姆在20世纪50年代提出了"乔哈里窗"。此后"乔哈里窗"成为沟通与自我认知的经典工具。根据"乔哈里窗",人的内心世界被分为四个区域:公开区、隐藏区、盲区与封闭区(也称为潜能区)。

其中,盲区代表着一个人对自己认知的盲点,这个象限特别关键。可以说,它是潜能象限的序幕,在盲点里,就蕴含着潜能。

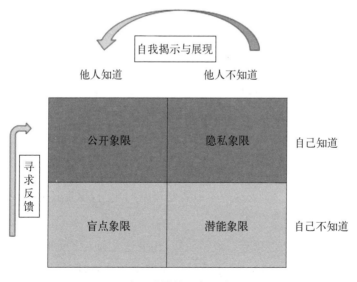

内心世界的四个区域

因此，我们需要通过恳请他人反馈、自我觉察等方式，来清晰地了解自己的盲点。

每个人都有自己的盲点。遗憾的是，很多人一辈子都限于自己的盲点象限中，永远进入不了潜能象限。比如，最近我在给一位女性做婚姻方面的对话时，发现她有一个盲点，即她自己是一个很积极乐观的人，没法理解他人在面对事情时的顾虑与悲观的想法。因此一旦他人出于保护自己做出一些行为时，会让她理解为他人不信任自己，造成双方的分歧。

一土教育创始人李一诺曾经说："放下'我执'，才可以看到事情的真实面貌，才能做出真正高质量的决定，这其实也是领导力的精髓。"

这里的"我执"，指的是一个人的执念，有时执念容易成为盲点。当一个人越无我，反而越能开放，听到更多的声音，迈入潜能区域。

三、鲤鱼跳龙门——扩张自己的限制性认知

住在黄河里的鲤鱼们，积聚在龙门山口，它们用尽全力，纵身一跃，希望可以翻越龙门，成为一条在天的飞龙。这个故事，一直用来比喻一个人的逆流而上，飞黄腾达。

但其实一个人这一生最需要跨越的龙门，不是其他，正是自己的认知。

猎豹 CEO 傅盛曾说："认知，几乎是人和人之间唯一的本质差别。所谓成长，并不来自于所谓的位高权重，不来自于所谓的财富积累，也不来自于你掌握的某一个单项技能，而是来

自于一个人的认知升级。"

你赚不到你认知之外的钱,你也获得不了自己认知之外的成功。

计算机科学家、"得到"专栏作家吴军老师认为,能力和潜力之间隔着三道关:知识储备,认知水平和见识,以及做人的态度。

知识储备可以通过教育来解决,认知水平可以通过结识更多的良师益友,通过学习来提升。

这么多年来,我一直都在不断地通过学习来提升自己的认知。奇妙之处在于,每提升某一个领域的认知,就像打开了一个新的世界的大门,丰富而精彩。学习教练,打开了自我认知世界的大门;学习积极心理学,打开了幸福世界的大门;学习戏剧,打开了感知人性的大门;学习自媒体与个人品牌,打开了真诚、高效表达的大门。

克服以上三种障碍的过程不易,就像一个人在迷宫中摸索。尤其对于女性来说,她们在生命中所面对的迷宫更复杂。但这个过程也是十分值得的,迷宫之外,就是一片广袤的天地!

思考时刻

1. 你觉得人是可以改变的吗?阐述一下你的观点。
2. 乔哈里沟通视窗中的四个象限,公开、隐私、盲点、潜能,你觉得哪一个象限是最重要的呢?为什么?
3. 你可能存在哪些限制性认知呢?把它们列出来。

第五章
别落入这些自我认知陷阱

> 我们曾如此期待他人的认同,到最后才知道,世界是自己的,与他人毫无关系。
>
> ——杨绛

我一直认为,自我认知是我们人生中所有软技能的基础,包括了情商、领导力、职业规划、个人品牌等。而一个人在生活中所遇见的大部分困扰,其源头可能都是自我认知的缺乏。

一、完美主义:困扰女性的本质到底是什么?

许多女性都深受完美主义的困扰。完美主义的人,注重细节,有时竟达到吹毛求疵的地步。她们容易对自己与他人都不满意,也容易带来焦虑与过大的压力。

在百度上有这样一幅图片来代表完美主义:一个人趴在

草地上，拿着放大镜，用剪刀一根一根地剪草。

这个比喻非常形象，描述了完美主义者的舍本逐末。

十几年前我在美国时曾经住过一个带大花园的房子。因为需要定期割草，一般每个家庭都会配一台割草机。印象中割草机特别大，这样才可以在相对比较短的时间里割完整块草坪。如果以图片中这样的方式来割草，真不知道要割到猴年马月。所以这幅图真是完美主义者的精准写照。

我的一位女性朋友，深受完美主义之苦。她在工作中最大的一个问题是总会延误工作。其实她是一个特别认真的人，为人诚实可靠，但就是太过于追求完美。

完美主义所带来的拖延的本质是什么？一件事本来可以做到 70—80 分，最后因为不去做成了 0 分。这是对自我效能与机会的极大浪费。

完美主义者，内心缺乏安全感。他们以为只有自己做到"十全十美"，才能够带来肯定与无可非议。同时，他们对别人也有着苛刻的要求，不够宽容，过于非黑即白。但所有的人都不能只靠自己成事，需要团队，需要他人的支持。

完美主义的根源，其实就在于缺乏自我认知。不知道自己最需要聚焦的是什么？不知道像推镜头一样，从更高更远的角度来看待自己的全局。

二、万金油：女性的花木兰困境

现代社会对女性的要求都挺高的。事业，家庭，个人相貌，人际关系，样样都要打点好。对于女性的艰难处境，北京大学中文系比较文学研究所教授戴锦华曾有一个精妙的比喻:"花木兰困境"。

当国家需要的时候,"万里赴戎机,关山度若飞",花木兰和男性一样披挂上阵;而当使命完成,"脱我战时袍,着我旧时裳",她又重新回归家庭生活。

戴锦华尖锐地指出,事实上,花木兰比今天的女性幸运,她所面临的挑战只是在两种角色之间切换。而现代女性,却要面对家庭、事业的双重标准,她们所面对的压力,又是另外一种辛苦。

所以,现代女性陷入了一种万金油困境,也许需要三头六臂才可以让自己满意。无论是在职妈妈还是全职妈妈,多少人每天都处于焦头烂额、身心疲惫的状态。

较之于做加法,很多时候女性更需要的是做减法。但做减法其实比做加法更难,因为舍弃的背后需要的是一个人对自己的精准认知。减法是在自我清晰认知之后的精简,是知道应该聚焦什么之后的放弃。

三、迎合者:你需要学会说"不"

一味地迎合他人,想要取悦他人,从而迷失了自己内心深处的需求,这就是迎合者的表现。

我曾经有一个学员,她和我说,在工作场合中,她不是特别喜欢与他人待在一起,因为与别人在一起,让她觉得很累。我问她为什么?她说,和别人在一起的时候,她经常觉得需要去迎合他人。

所以这位女性犯的，正是一个典型的取悦者的毛病：不知道自己在哪些事情上需要说"不"，不知道自己为何会获得他人的认可。也许她会认为，获得他人的认可，就是让他人高兴。其实并不是。我们每个人，能够获得他人认可，是因为自己身上所存在的价值、我们的优势，而不是因为任何的迎合态度。

这可能与女性从小到大所受到的教育，包括原生家庭和成长经历有关。相比于男性，家庭、社会对女性的期待更多的是与人为善，温良谦恭。并不是说这样的要求不合理，但某些时候，尤其在商业社会，需要的更是有进取心，合作竞争，直面冲突的特质。

迎合者、取悦者首先需要知道的是，她需要对哪些事情说"不"。她也需要清晰自己在一段关系中的定位。很多时候，在一段关系中更为重要的不是让对方获得所谓的"开心"，而是完成彼此的目标，成就彼此。喜欢迎合的人容易事事纠结于他人的评价，从而唯唯诺诺，放不开手脚，效能很低。

其实，希望获得所有人的喜爱与赞扬，根本就是一种不合理的信念。

在热播剧《理想之城》里，孙俪扮演的女主苏筱之所以可以在职场上所向披靡，克服万难，与她只想做好事情，不在乎他人的评价有很大的关系。尤其在经历了"网暴"之后，她更是练就了一身不怕背黑锅，不怕他人栽赃陷害的坚定。因此，她才可以为集团带来那么多改变，成就那么多事。

确实，能够背黑锅，也是一种能力！

四、浮萍：随波逐流的迷茫

浮萍没有根，只会随波逐流。在一个变化如此快速的时代，我们需要时刻想清楚一个问题：我想要的到底是什么？

自我效能最大的阻碍就是一个人的迷茫，不知道自己要什么。

时间管理中最浪费的是切换任务，个人管理也是一样。如果一直在不断地切换——换领域、换工作，那一个人无论在什么方面都没法聚焦，没法深入。但是现实中很多人的状态的确都像浮萍，随波逐流。社会上流行什么，看到他人在做什么，就去做什么，而不考虑自己想要的、所擅长的到底是什么。

恰恰姐在很多年前其实也经历过这种状态，这也是许多乖乖女的常见状态，人云亦云，随波逐流。耗时间，耗精力，结果却发现得到的并不是自己真正想要的东西、想要的状态。而我的一位大学同学，在年轻时就做出了一个斩钉截铁的选择，给我留下非常深刻的印象。

当时临近大学毕业，班级里有一个直升本系研究生的名额。在很多人都去抢这个名额的时候，成绩和能力都特别突出的她却毅然放弃了这个机会。因为她看到，对于她的职业发展更为有帮助的，并不是读研，而是到更为广阔的社会上，去工作。20年过去，这个同学也成为我们大学里职业发展得最好的一位，成为一家全球500强企业的高管。

在当时20岁出头的年纪，她就能作出这样的人生取舍，让我尤为佩服。一个人懂得取舍，背后是对自己的清晰认知。

在我人生初期,处于对自己还不太了解的状态,因此在许多事情的选择上,经历着浮萍似的状态。本科毕业的时候,相比那位放弃保研的同学,最后获得这个直升机会的人,正是我。内心怀有精彩期待与追逐的我,最终因为害怕风险选择了直升研究生。现在,四十而立后的我,面对一份选择已经不再似浮萍,更能够坚持自我了。这完全得益于这几年在自我认知方面的探索。

所以,面对任何选择时,我们都需要问自己:需要坚守的是什么?心之所往的又是什么?

五、做事狂:区分"人"与"事",挣脱做事陷阱

缺乏自我认知的人会掉入为了做事而做事的陷阱,但却没有想清楚,what(做什么)之前的那个 why(为什么)。为什么要做,做这件事情可以给我们带来怎样的结果?

现代人在时间管理方面一个很大的问题是"忙盲茫",在恰恰姐的时间管理营里,我将今日事今日毕列为时间管理的一个误区。并不是把所有的事情做完就意味着成功,最重要的是想清楚自己为什么要做这件事。

在一次教练对话中,当聊到学员的工作时,我发现她有一个误区,她认为完成所有的事情才是她要做的,而与人的沟通,实现影响力并不是她的工作,即使她对自己未来的期望是成为一名领导者,带领一支团队。

我帮助她区分了"人"与"事"这一点后,她感觉很有启发。为了做事而做事,会让一个人迷失自己的方向,陷于普通人的逻辑。高手和普通人的逻辑是完全不一样的。高手从来不会想自己能力够不够,他们只会根据自己想要的目标,去匹配能力,匹配资源。高手有格局思维,做事之前先有一个大的蓝图。但普通人却只会盯着自己眼前的那点事,那点能力,纠结于能不能,行不行。

因此,高手是先有目标,再看能力,再去做事。而普通人,却是先看能力,再去做事,再看目标。

因此,认识自己能力的边界,认识自己的 why,可以帮助一个人挣脱做事的陷阱,迈入螺旋形成长的直升通道。

六、丑小鸭:寻求真我,飞入高空

年少不懂安徒生,成年之后才明白这位大师写在童话背后的深意。比如经典的《丑小鸭》的故事:丑小鸭自小与一群鸭子生活在一起,因为长得很难看,到处受到排挤,甚至连自己的母亲与弟兄姐妹都嫌弃它。直到有一天,它在清澈的水里看到自己的倒影,再也不是一只粗笨的、深灰色的、又丑又令人讨厌的鸭子,而是一只美丽的、可以飞上天空的天鹅。

因此,丑小鸭的故事也是一个寻求真我的故事。当一个人没有认识到自己真正的价值、优势与潜力的时候,他也会像丑小鸭那样,感觉自己不被接纳,不被认可,悲哀,痛苦,迷茫。而可以帮助到他的唯一方式就是去认识自己,找到自己的价值与真我,认可自己的优势。

安徒生在《丑小鸭》故事的最后一段里写道:

要是只讲可怜的丑小鸭在这个严冬所受到的困苦和灾难,那这个故事就太悲惨了;当这一切都过去后,一天早上,它发现自己正躺在一片荒野上,周围是湍急的水流。太阳暖暖地照在身上,它听到云雀在歌唱,它环顾四野,发现美丽的春天来了。

这只年轻的小鸟感觉它的翅膀是如此强壮有力,在身侧轻轻一拍,就把它送入高空了。

所以,每一个人都需要问自己一个问题:活出生命本真的我会是怎样的?

▶ **思考时刻**

1. 将自己对号入座一下,看看对应的是哪种自我认知缺乏的表现?
2. 你打算如何改善自己的这个问题呢?

第二部分
如何认知自己

这世界上有两样事物最为奇妙,一是广袤的自然与宇宙,聪明的人类穷尽智慧,现在依然只探索到其中的边界;二是"人"这个创造本身,那么复杂,那么精妙,恰到好处,匠心独具。

所以,探索人,探索自己,是一段一生步履不停的旅程!

现在,来开启你的自我认知之旅吧!

一个人可以怎样认识自己呢?

国际摄影大师彼得·林德伯格,以擅长给女模特女明星们拍出真实的自己而享誉世界。他被称为"让时尚更加真实"的"魔力诗人"。他钟爱黑白摄影,因为他觉得"黑白更接近于真实"。章子怡、海伦·米勒,尼可·基德曼,都曾经是他镜头下的女明星。在他逝世时,章子怡在微博上还专门发文悼念。

其中我特别喜欢他给女星凯特·温斯莱特和罗宾·怀特拍的特写。英国女演员温斯莱特在大银幕上被我们所熟知的形象大部分是柔弱的、感性的,比如《泰坦尼克号》里的露丝或者《革命之路》里的女主。但是现实生活中,这个演员身上却有着一股令人佩服的强悍与坚持。年幼时,她就非常清楚自己想走演艺的路,但家里人不同意,她就找自己的外婆寻求经济支持。后来有一次,她住的房子不小心起火,她还徒手救出了丈夫的奶奶。

林德伯格的镜头给凯特·温斯莱特的特写恰恰给予人们这样的感觉,她目光坚定,强大、不屈,展现出狮子般的野心。

相反，镜头下的美国知名影星罗宾·怀特却给人另外一种感受：感性、柔情，与她在热播剧《纸牌屋》中给我们的印象非常不同。在那部剧里面，她所饰演的第一夫人克莱尔是一个何等理性、何等有目标感的女政治家啊！其实，当你了解罗宾·怀特自身的情感经历时，你会深深感受到，她的确和自己刻画的角色之间有很大的不同，因为真实生活中的她就是一个偏感性的女人。

我非常好奇，这位知名摄影师在按下快门的那一刻，脑子里闪现的到底是什么？他又是通过什么方式，捕捉到这些星光璀璨的大明星背后真实的个性和灵魂呢？

在我的真我闪耀课程中，我经常会去启发学员，如果现在摄影大师彼得·林德伯格就在你的面前，帮你拍出了一张最符合"真实的你"的摄影作品，它会是怎样的？这个问题往往会激发起学员的很多思考，让她们感触万千。

再假设你自己就是一幅丰盛的画布。画布上的创作元素很多，它们又分别会是什么呢？

可能是你多彩的经历、跌宕的故事、独特的优势、坚定的价值观、隐藏于内心丰富的情绪。

人生是一段漫长的路程，需要我们不断地调整方向，把握前行。"真实的自己"可以有很多层次、很多切面，但在这个过程中，我认为知道自己真正想要什么很重要。很多人虽然物质生活很丰富，但却过得并不开心，因为他们没有活出自己真正想要的生活。

而一个人的需要有不同的层次,以马斯洛的需要层次模型为代表:

马斯洛认为人类有 5 个层级的需求,最底部的是生理需求,包括了对食物、水分、空气、睡眠等的需求,这部分保证了人类的基本生存与繁衍。

往上第二层是安全需求,人们需要稳定、安全,生活在一个有秩序的世界,免除恐惧与焦虑。

第三层是社交需求,也称为对归属和爱的需求,一个人需要与他人建立联系,发展情感。

第四层是尊重需求,一个人需要有尊严、自信、独立与一定的掌控感。

第五层是自我实现需求,一个人需要实现自己的潜力,将自己的能力与天赋运用到极致。

很有意思的是,我发现大部分人在需求层次理论上,身处第一、第二层次,但心向第四、第五层次,因此活得特别拧巴。

我的教练导师,做过一个新新人类版的马斯洛需求层次原理图,让我特别震撼:将原来的正金字塔,从最底层的生理需求、安全需求、爱与归属感、尊重,到自我实现,做成了一个倒金字塔。对于千禧一族来说,每一层都是妥妥的自我实现,人生的目的就是为了自我的实现。

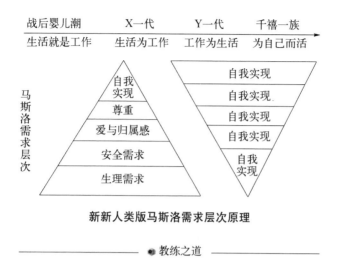

新新人类版马斯洛需求层次原理

● 教练之道

进入21世纪,当我们已经基本实现了小康生活之后,应该更多地考虑自我实现。

在真实领导力的经典书籍《真北》里,作者比尔·乔治就用"人生的真北"这个概念,鼓励每个人寻找到自己人生中的北极星,达成自我实现。

你的真北是什么?

你的人生目标是什么?你的领导目的是什么?你知道你忠于自己的内心吗?

真北就像每个人内心深处的一个指针,它可以指导你成功穿越自己的生命。它代表着内心最深处的自己。它是你的定位点,只要能够找准你的真北,你就能在这个变幻莫测的世界中把握好自己。你的真北源于那些对你最重要的东西——你最珍视的价值观、你的热情和动力,它们是你生命中所有幸福与满足的源泉。

——比尔·乔治

▶ **思考时刻** ~~~~~~~~~~~~~~~~~~~

1. 想象一下,如果摄影大师彼得·林德伯格为你拍出了你的真实大片,它会是怎样的?

2. 你现在处于马斯洛需求层次的哪一层?

3. 如果让你给自己内心的忠实度打一个分,从1~10分,你可以打多少分呢?1分最低,10分最高。

第六章
如何认识自己·特质篇

> 我就是我,是颜色不一样的烟火。天空海阔,要做最坚强的泡沫。我喜欢我,让蔷薇开出一种结果,孤独的沙漠里一样盛放的赤裸裸。
>
> ——张国荣《我》

一、特质:什么构成了独一无二的你?

古人说:人心不同,各如其面。人有千面,物有万象。

带来这些差异的,正是一个人的性格。而我们平时经常用来描述一个人的性格时,其实就包含着一个人的特质。特质,是一个人身上,比较稳定、持久的个性特征。被用来概括与测试特质的工具很多,比如大五人格、MBTI、DISC等,但我个人最喜欢的还是九型人格这个工具。

九型人格

九型人格学相传起源于公元 10—11 世纪伊斯兰神秘主义教派"苏菲教"的某些教团中,但真正让它为世人所知的是俄国心理学家乔治·伊万诺维奇·葛吉夫。他将这个本来只是存在于口头传播的系统记录并且传播开来,因此可以称为九型人格的现代奠基人。

"九型人格"的英文名称是 Enneagram,来自两个希腊语单词 ennea 和 gram,ennea 代表数字 9,gram 代表图形。因此九型人格体系中,最为经典的就是一个九型图。

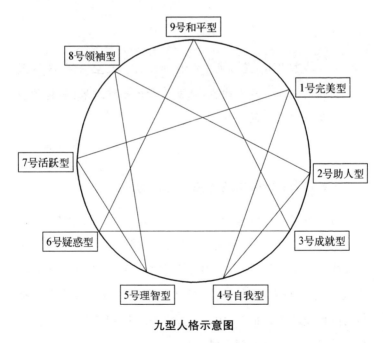

九型人格示意图

九种性格自成一体,却又彼此互相连接,互相转化。

第一种类型是完美型。他们就像刻苦耐劳的蚂蚁们，组织精密，衷心做好自己的职分。他们凡事都追求做到最好，并且以此要求别人。他们最大的优点是期望一切完美，否则便会愤怒，奋力去改善。完美主义是他们的优点，同时也是他们身上最大的缺点。

第二种类型是助人型。他们就像一只只性情温良的小猫，给人温暖，是一个个特别好的伙伴与朋友。他们友善，自信，有爱心，乐于付出，他们喜欢帮助人，照顾人，关心人。但他们有时却会因为过于关注他人的需要而忽视自身的需要，并且把自己的意见强加在他人身上。

第三种类型是成就型。他们就像我们在动物园看到的开屏孔雀般，喜欢获得他人赞赏的眼光。他们目标明确，自信满满，精力充沛，讲求效率，但同时他们容易把自己内心真正的感受与他人的感受放在脑后。

第四种类型是自我型。他们有着朦胧与忧郁的眼神，他们与众不同，喜欢追求真我，他们情绪外露，情感强烈。他们几乎是天生的艺术家，有着超凡的鉴赏力。但同时他们性格敏感，容易自我否定，沉溺在消极的情绪中。

第五种类型是理智型。他们有着强烈的求知精神，注重分析，几乎是天生的思想家。他们就如希腊神话里的猫头鹰般，是智慧的源头。但过分的思考却让他们缺乏行动力，喜欢独处的性格也让他们在沟通能力上稍有欠缺。

第六种类型是疑惑型。他们勤劳、尽责、衷心、谨慎，但他们却缺乏安全感，希望通过顺服（权威）得到庇护、接纳与照顾。他们可以成为最好的朋友，最衷心的下属，可正因为缺乏安全感，他们也特别容易患得患失，过于依赖他人。

第七种类型是活跃型。他们乐观、开心、活泼、精力充沛，喜欢尝试新事物，喜欢社交。对于他们来说，生命就像一个巨大的游乐场，享受生命是核心。但人生除了快乐，还有现实与痛苦，他们最大的问题就是喜欢逃避，逃避现实，逃避困难，因此比较难以坚持，缺乏耐心。

第八种类型是领袖型。他们就像动物中的公牛与老虎，是动物界中的强者，大有力量。他们天生具有领袖风范，自信，独立，果断，进取。他们理想远大，壮志凌云，但却性格刚烈，追求权力，霸道，独断专行，攻击性很强。

第九种类型是和平型。他们宽容，平和，情绪稳定，不喜竞争，与人和睦相处，容易妥协。但是他们同时也优柔寡断，不懂得表达自己的需求、感受与目的，从而在为人处世的态度上有些逃避、消极。

九型人格这一工具的精彩之处在于，它打开了一个理解人的崭新世界。

世界是多样的，人也是多样的

在我接触的教练案例中，有非常多在职场中面临困境的女性会陷入人与事的陷阱。她们往往做事认真，积极进取，但却太过于关注事情与细节层面，而忽略了人。其实在职场中，人与事同等重要，甚至到越高的层面，人的重要性就越凸显。

九型人格就是一个可以让我在人的层面更加清醒的

工具。

我们都容易犯的一个错误是,认为他人应该和自己是一样的,因此当看到差异或者分歧时,会非常不理解。差异会带来痛苦,带来迷茫。就好像我,在职场与生活情境中,曾经抱怨为何人与人之间的差异会那么大,觉得不能理解他人,而他人也不理解我。有的时候,我们也容易将这种差异视为人世间的一种不公,从而怨天尤人。

在香港的工作中,我老板的类型就属于那种特别雷厉风行、完美主义的。在我眼中,她缺乏一些人的情感,而这恰恰是我在那种环境下最为需要的。当时我非常不能理解这种差异。

学习了九型人格后,我意识到,这世界上不止有一种人,人与人在特质上的差异,会带来在价值观和为人处世方面的不同。这一点认识非常重要,因为它让我们学会求同存异,学会更加宽容广博。

九型人格不仅可以帮助一个人认识自己,也可以用来认识他人。每种类型的人都没有孰优孰劣,每个人都有自己的优点,同时相应的也有自己的缺点。他们的优缺点并不是自己有意为之,而是在长期的家庭养育和社会影响下形成的一种模式。

所以,所谓自我成长,并不是成为他人,而是成为更好的自己。认识自己,发挥自己的优势,同时留意自己的弱势。自我成长,也在于更清晰地认识他人,看到他人的角度、思维框架与思维模式,帮助我们更有技巧、更具情商地与他人相处合作。

每个人都有心之所往与心之所惧

九型人格工具相比其他性格类型测试工具最大的优势是，它分类准确，而且从一个人最基本的恐惧（心之所惧）与欲望（心之所往）出发，既指出了一个人的长处，又指出了一个人的弱点与成长方向。

MBTI（迈尔斯布里格斯类型指标），也是商业领域应用特别广泛的一项测试，很多公司都使用这个工具来帮助员工和管理层实现自我发展和绩效提升。但它相比于九型人格太过于偏向一个人的行为层面，不能深入一个人的内心。就像我们之前探讨过的冰山理论，一个人之所以会展现出某种行为，冰山之下其实隐藏着很深层次的原因。只有探索到并且回应这些源头，才能真正带来一个人的成长蜕变。

避免标签化

我们在用这些人格类型来认识自己，包括认识他人的时候，要留意避免标签化。其实人是一个很复杂的存在，是有层次的、立体的，随着环境的改变在不断地变化。因此无论用哪一种工具都要避免用太过于固定的眼光来看人。

比如用九型人格来认识自己、认识他人的时候，我更喜欢用一个人测试出来排名前三的类型来认识他，而不是用单一一种类型来概括他。因为只用一种类型，太过于狭隘了。认识一个人不能只看他在一种场景下的表现，比如工作场景，而要看他在所有场景下的行动，探索到他生而为人内心真正的向往。

比如我们经常会碰到一些人,在工作中严谨认真,但在生活中却粗心随意。那到底哪个是真正的他呢?不能一概而论。有许多人可能只是在长期的外在压力与要求下,生发出了一种被建构的行为模式,但真正的自己是被埋藏在内心深处的,冰山之下才能找到真实的自己。

人也是会变化的,并不是说一个人会变得脱离自己的本真,而是他有可能在还是"他"的基础上,变得更好。比如恰恰姐的本真就是一个真诚的、重视沟通、帮助他人成长的人。我相信我的这一点永远不会变。但是在自我拓展的过程中,我也不断地在走出自己的舒适圈,变得更为目标导向。

这其实就是一个人活出本真与不断突破自己的融合。只有这样,一个人才能逐渐活出一个更好的自己。

▶ 思考时刻

1. 测试一下自己属于九型人格的哪几种类型。
2. 你内心深处的心之所往和心之所惧是什么?

二、优势:带你走向卓越,实现幸福

每个人都有他的隐藏的精华,和任何别人的精华不同,它使人具有自己的气味。

——罗曼·罗兰

特质构成了独一无二的我们,但带领一个人走向卓越的,却是一个人特质中的优势。什么是优势?优势是一个人身上的高效模式,是一个人身上的长处,是一个人身上的"第一性原理"。这是你身上最精华最奇妙的元素,一旦提炼,威力巨大。

在我们详细拆解优势之前,先来听听两位世界巨星的故事。

一位是震惊了 2024 年卡塔尔游泳世锦赛的中国游泳小将,19 岁的浙江小伙潘展乐。他个人斩获了此次比赛的 4 枚金牌,其中包括男子 100 米自由泳的金牌。在当年度的巴黎奥运会上,他又以矫健身姿获得了男子 100 米自由泳冠军和 4×100 米混合泳接力冠军。至于 100 米自由泳金牌的分量有多重,可以对比一下男子田径 100 米飞人大战。非常相似的是,这两个项目,长期被欧美选手垄断。而潘展乐以 46.40 秒的成绩,直接打破了世界纪录。这不仅是中国人的一项突破,同样也是黄种人的一项突破。

"得到头条"曾经援引世界泳联的评论,说潘展乐是一名"天赋异禀"的选手。和其他的超级游泳运动员相比,他的身体其实并没有那么魁梧,动作和发力也没有那么强劲,那他到底靠什么胜出?

世界泳联的评论就用了一个词:"水感"。潘展乐对水的感知利用能力特别强,就像水里的一只超级生物,他就是能比别人更快更强地征服水。从另外一个角度理解,他就是在游泳项目上,在水中,特别有天赋的人。

还有一位就是因为世界巡演让各个国家的歌迷为之抢破头的美国歌手泰勒·斯威夫特。这位被中国粉丝称为"霉霉"的超级巨星在新加坡开演唱会,据说一张票售价5位数以上还一票难求。她席卷全球的魅力,令人震惊!她所到之处,不仅能带来一股旋风,而且能够给举办地带来极大的收益。

据估算,泰勒·斯威夫特能为全球经济带来至少50亿美元的消费支出,相当于50个国家的GDP总量。为此,哈佛大学专门开设了一门课程,研究她的超级魅力,而金融领域直接创造了一个词——"霉霉经济学"——来形容她强大的吸金能力。

这一切,也许都起源于她10岁时写的一篇长达三页的诗歌《我壁橱里的怪物》。那次尝试让她获得了全美诗歌大赛的奖项。天生擅长写故事、讲故事的兴趣和能力为她后来成为一名乡村歌手打下了很好的基础,成为她今天大放异彩的源头。

唯有依靠优势,才能真正实现卓越

知名的管理学家彼得·德鲁克曾经说过:"唯有依靠优势,才能真正实现卓越。人不能依靠弱点做出成绩,从无能提升到平庸所要付出的精力,远远超过从一流提升到卓越所要付出的努力。"

"发挥人的长处",正是彼得·德鲁克在《卓有成效的管理者》一书中提到的可以帮助管理者提升管理能力的要素之一。

世界知名的战略咨询公司盖洛普通过科学的研究也发现:"世界上最成功的个体无一例外地将天赋发挥到了极致,同时,世界上顶级的领导者一直都在遵循一个理念来管理团队:即刻意寻找和培养具备特殊天赋的人才,让这些天赋转化为优势从而为团队创造价值。"

很多人所期待拥有的领导力与影响力,都与优势的发挥分不开。想要活出最富影响力的人生,你就必须淋漓尽致地活出自己的优势,同时学会如何完美地与人配搭。

定位大师特劳特也对优势与天赋青睐有加。在著作《人生定位》中,他将每个人人生的成功比喻为一场赛马:"赛场上的马匹各式各样,有些马的胜率明显要比别的马高,尽量避免高风险的赌注。"

在他眼中,高风险的赛马包括了努力型赛马(比率100:1)、智商型赛马(比率75:1)、教育型赛马(比率60:1)等。而相比之下,依靠才华,却是他眼中的中等风险赛马,比率是25:1。

优势=才华×投入,所以才华型赛马也就等于优势型赛马。

这一观点足以震撼我们很多人的认知。因为努力、智商、教育,这几大元素,是普通人通常赖以希望实现卓越,跨越阶层的金牌钥匙。但特劳特所展现的比率数字却足以让人重新思考自己之前的认知是否存在偏差。

优势与幸福

除了实现卓越,活出优势对于一个人的幸福感也是不可或缺的。

积极心理学的奠基人马丁·塞利格曼博士在《真实的幸福》一书中写道:"当我们运用自己的优势及美德时,我们会感觉良好,我们的生活会充满'真实性',带来积极的感受和满足感。"

在这本书里,马丁·塞利格曼博士提出了他心目中的幸福1.0版本,他花了很大的篇幅谈论优势与美德,认为这两者是实现工作、婚姻,甚至是亲子幸福的金钥匙。

优势其实是每个人身上特别神奇的一样存在。当一个人用自己的优势在做事时,大部分时间精力特别充沛,不会感觉到累。我母亲看到我经常在写文章,在分享直播,有的时候会怕我累。但我告诉她,做这些事情我很少感到累,反而能体会到一种兴奋与激情。这就是因为在从事这些事情的时候,我充分运用了自己的优势。

反之,如果我需要去做一些自己并不喜欢也不擅长的事情时,会觉得特别容易累。2021年,我经历了一次搬家,投入了几天的时间进行整理,那几天就感到特别劳累,甚至连眼睛都红了。想到自己身边那些专门从事整理的收纳师,若非有着在整理归纳方面独特的优势,又何以做好自己的专业?

用长处来工作和生活

每个人都不同,且每个人都独一无二。

所以相比补短,更为重要的是,去尽快发现长处。每个人都一定有自己的长处。可是我们的家庭、社会和学校,都急着去反其道而行之,先看到的是哪里不够,然后去补短。

因此,北京十一学校校长李希贵在央视《开讲啦》节目中明确指出:"中国人被'短板理论'害了好多年,成功的人应该用长处来工作和生活","发现真的你,找到自己,你就是太阳,光芒万丈。"

我在教练经历中,经常遇到对优势的两种反应:一种是完全不知道自己的优势在哪里,对自己缺乏信心,有时甚至觉得自己哪里都不好,很糟糕,即使我在他们身上看到了非常独特的天赋与能力。这种视角自然会给自己在生活工作中的为人处世和自信建立带来很大的影响。另外一种是觉得自己挺好的,但其实对自己为什么好并不清楚,所以一旦遭遇挑战与挫折,比较容易受影响。这就好比房子盖在沙土上,根基不稳。

如何清晰自己的优势

天赋与优势就像冰山在水面以下的部分,是我们身上最深层次的自我能量。它们就像地下水,在地下储存已久,只有通过深挖才能发现。

有很多测试可以帮助我们挖掘自己的优势,其中包括了盖洛普公司的优势识别器,美国积极心理学协会出品的VIA测试,清华大学积极心理学中心的测试等。但我特别喜欢一个很简单的优势挖掘方式,简单到在你与朋友之间就可以随时随地进行,那就是积极自我介绍:

有什么事情,是你会主动去做,而且做的时候,感到骄傲,觉得满意开心的。尝试把这样的事情，都列出来，然后从中一一分析自己的优势。当然，如果可以，找到一位专业教练来帮助你挖掘，会更为有效精准。

以恰恰姐为例：

我的积极事件是：通过教练带领几百名女性认知自己，了解自己的优势与目标；"今日头条"上一篇探讨女性成长的文章，收获了20多万次的阅读量；撰写了一本关于女性如何通过自我认知收获幸福与影响力的书。

从这些事件中，可以挖掘出我的前五大优势是：关怀、深度、精神、表达、创意。

这些优势都特别符合我作为一个女性成长教练、女性学习社区创始人的定位与品牌。

除了认知挖掘自己的优势，不断地去应用同样重要。我碰到一些学员，虽然通过挖掘认知到自己身上的一些优势，但仍然不觉得自己具备这些优势，仍然在不断地纠结，这就是因为缺乏应用。其实当我们积极焕发出自己身上的优势时，可以特别高效地实现自己的影响力。所以，优势是职业规划的基础，也是我们焕发出领导力，打造个人品牌的基础。

在认识与应用优势时，有几点是需要特别注意的：

第一，优势一半靠天生，一半靠后天培养，需要不断地应用与夯实。

优势＝天赋×投入

所以，有优势并不意味着，我们觉得自己在哪一方面特别擅长、有天赋，就可以不努力了。我们还需要不断地努力，不断地投入时间,这样优势才能真正发挥出它的效用。

在小学三年级的语文课本中,有一篇《池子与河流》的寓言故事,非常恰当地表达了优势与应用之间的道理。池子与河流有一段拟人化的对话:

> 池子对她的邻居河流说道:"我什么时候看见你,你总是滚滚滔滔!亲爱的姐姐,你难道不会疲劳?……这清闲的生活无忧无虑,还有什么能够代替?任凭人世间忙忙碌碌,我只在睡梦中推究哲理。"
>
> 河流回答道:"水要流动才能保持清洁,这个自然规律,难道你已经忘掉?"
>
> "河流至今长流不断,而可怜的池子却一年年淤塞,整个让青苔铺满,又让芦苇遮掩,到头来完全枯干。才能不利用就要衰退,它会逐渐磨灭;才能一旦让懒惰支配,它就一无所为。"

优势就像一块海绵,具有我们想象不到的容量,越吸容积越大。因此,我们也要给自己的优势以更多应用的机会,不断地去挑战自己,突破自己的舒适圈。

比如恰恰姐身上的深度、精神与表达这几个优势,都指向了我在写作表达方面所具备的一些能力。但这并不意味着我天生就会写作,我也需要多写,勤写,坚持写,来精进自己的写作能力。这几年,当我不断地在写作方面要求自己每天坚持,精进,的确发现这就像一个良性循环,帮助我不断上升。就像一个演员，即使具备一定的演戏天赋，也需要磨炼自己的基本功，包括台词、形体、甚至文化修养，让自己达到一定的高度。

第二，每个人的优势都是组合。

我特别注重真诚，所以身边往往能聚集到一大批也同样怀着真诚之心的人。因此我特别关注真诚这个优势。但是如果 A 和 B 的优势都是真诚，他们的独特之处又在哪里呢？

我认为，每个人都是一堆优势的组合。比如 A 的真诚当中，带着更多的柔和与共情。而 B 的真诚当中，则拥有了更多的原则与铁面无私。真诚也有很多面。"关怀、深度、精神、表达、创意"这些优势组合起来，带来了一个独一无二的恰恰姐，你也一样。

你的组合又是什么呢？

第三，优势与弱势。

优势与弱势之间，其实只有一墙之隔。

我们的弱势，很大程度上是因为优势发挥过度带来的。比如恰恰姐的优势"关怀"，一方面让我可以关注到他人的情感需求，做到以人为本，同理共情；但另一方面却有可能让我在这个过程中迷失了对利益的诉求，久而久之，也会带来对自己的不满。又比如我的一个学员，是一个特别真诚又有原则的人。但这一点优势，同时也使得她过于古板，不懂得变通。

所以，将优势应用得恰到好处，并同时注意突破自己的舒适圈很关键。

我认为，需要将自己 70% 的注意力放在发挥优势上，然后将30%的注意力放在突破弱势上。中国人有句话叫作扬长避短,扬长我完全认同,但是避短同样需要有智慧,有策略。

第四,别被优势所限。

天赋的确重要,但千万别让天赋成为你不愿意突破的借口。优秀的人永远是从目标出发,然后再考虑行不行、能不能。他们永远会依据目标来不断地突破自己!

自媒体大咖秋叶大叔曾经说,讲到演讲天赋,可能没有比他更缺乏演讲天赋的人了,因为他是天生的大舌头。但这并没有阻碍他成为全网知名的个人品牌大咖,他的付费学员遍布全国。

迪士尼动画片《魔法满屋》也给了我这个启发。女孩米拉出生在一个独特的家庭,家里每个人都有自己的天赋异禀。姐姐力大无比,扛起一座房子一座桥都不在话下,弟弟能够与动物沟通交流,简直就是森林之王。在这样天赋异禀的一家人里,米拉最平淡无奇,有一段时间她曾经为此自卑过,最后却以勇敢与爱带领全家人重新收获美好!

所以,勇敢与爱,才是一个人身上最强大的天赋!这也是每一个人都可以拥有的天赋!

▶ 思考时刻

1. 你已认知的自我优势是什么?列出你的前五大优势。如果不清晰的话,可以找一名教练,或者找一位你信任的朋友帮你一起挖掘一下。

2. 你身上的弱势或者缺点是什么?你觉得它们和你身

上的优势之间存在着什么样的关系?

三、弱点：激发成长的机会领域

在我们所具有的一切缺点中，最为粗鲁的乃是轻视我们的存在。

——蒙田

自卑能毁灭你，也能成就你。超越自卑，你将成为内心强大的自己！

——阿德勒

这世上有一个亘古不变、但却容易被人所忽视的真理：每个人有优点也有缺点，有优势也有劣势。

我接触的学员中，面对弱点会有两种比较普遍的反应：一种是太过于聚焦自己的弱点，看不到自己的强项，从而对自己缺乏客观的认识，自卑，缺乏价值感。另一种是身上的优势很突出，也不断地在应用着优势，但却因为弱点的持续影响，即使优点再厉害，也被抵消了。

2021年初，高知女性、前"南方系"记者马金瑜遭遇家暴，同时又因为创业欠债的事成为媒体的热点。作为一名曾经的优秀记者，马金瑜身上的优势是很突出的：拥有强大的文字与表达能力和对生命的热情。但同时，她的悲剧，一部分来源于西北地区不可忽视的男尊女卑带来的家暴，一部分可能也来源于她自己身上的弱点：对待生命有的时候热情过火，甚至有着飞蛾扑火的非理性一面。

所以,尽管我们强调要重视优势的发挥,但同时也不能忽略了弱点。

还记得之前提到过的"乔哈里窗"吗?

四大窗口中,非常重要的一个窗口就是盲点窗口,很多时候,你的弱点就隐藏在盲点窗口中。如果不认知并克服这些弱点,你的潜能就不能得到充分发挥。

但我不主张以消极的眼光去看待弱点,相反,应该积极面对自己的弱点。因为,弱点恰恰是我们的机会领域,克服了弱点,就能够激发出一个人更多的成长机会。

心理学家阿德勒通过他的著作《自卑与超越》,鼓励人们认识接纳自己的缺陷,并且通过自身的努力超越弱点,走向卓越。这么看来,认知、接纳、克服自己的弱点,反而是个人进步成长非常重要的源泉。

有以下几种方法可以帮助我们认识自己的弱点:

一是寻求反馈,尤其是360度反馈。360度指的是向你身边所有的利益相关者,寻求他们对于你的反馈,其中包括亲人、同事(包括上级、下级)、合作伙伴,等等。坦诚地与他们探讨:他们眼中的你最大的优势是什么,在哪些地方可以提升得更好。

二是寻找一位教练帮助你"照镜子"。每个人身上都有盲点,因此,寻求专业人士的帮助不失为一个好方法。受过训练的教练,可以帮助你更好地看到自己的盲点,从而有的放矢地前进成长。

三是寻找一位导师帮你找差距。找一位你特别佩服和崇敬的导师，仔细观察他们，留意你与他们的差距在哪里，从差距看到自己的努力方向。

当清楚意识到自己的弱点之后，可以通过以下方式来弥补：

一是改善自己的弱点，让自己成长。比如一个人可能做事有点手忙脚乱，缺乏清晰的管理脉络。那他或许可以通过参加时间管理以及项目管理的课程来提升自己。

二是在弱点模块，让他人来弥补自己的缺憾。比如一位创业者可能擅长专业技术，但不擅长团队管理，因此找到一个擅长后者的人，帮助其管理公司运营就很重要。这也是为何，脸书的创始人扎克伯格之前会找雪莱·桑德伯格做公司的首席运营官，得到的创始人罗振宇会找脱不花做首席执行官。某种程度上，他们都是找到了一个拍档，帮助彼此很好地弥补了自己的弱点。

特别重要的是，在面对弱点的时候，一定要有成长思维。坚信有很多事情是可以改变、可以提升的，并且在此过程中不断地寻求他人的帮助。

▶ 思考时刻

1. 你打算通过哪种方式来认识自己身上的弱势呢？可以写写看。

2. 你打算如何去弥补自己身上的弱点？

四、热爱:让你成为光芒万丈的太阳

> 岁月能使你皮肤起皱,但是失去了热忱,就损伤了灵魂。
>
> ——卡耐基
>
> 从来没有一个精彩的人生,不富有疯狂的灵魂的。
>
> ——亚里士多德

2004年,在初入职场,作为一家出版集团的编辑时,我曾经策划过一本书《英语高手是这样炼成的》。将近20年前,人们学习英语的热情非常高,因此一部分英语特别好的人,在自我成长与奋斗的这条路上,也是当之无愧的典范。

在这本书中,我收录了12个背景各异的英语高手的故事。我发现这其中非常有意思的一点是,很多人并不是出身于英语专业,但其在英语方面的造诣却足以让他们成为一名优秀的英语老师。比如当时书中收录的好几位都是新东方的明星老师,他们在大学里的专业背景都是理工科。相比之下,他们对于英语的热情,在英语方面的优秀表现,都让我这个真正科班出身的英语专业毕业生相形见绌。

我第一次意识到,原来想要做好一件事,热爱比什么都重要。

2008年,我从美国西部转学到东部的华盛顿特区。在这个世界政治中心片区的两年,让我经历了很多同时也看到了很多。华盛顿特区最有意思的一点是，这里可能有着世界上最多的社会组织，而当他们在服务着自己的目标群体的同时，也在帮助这个社会更加平衡，更加多元。

比如当时我曾经去一家专门做移民政策的机构短暂实习。他们的使命就是帮助美国制定更为友好的移民政策，同时去帮助更多的移民。所以他们会不遗余力地了解各州参议员对于移民的倾向，并且通过各种途径与他们沟通，希望可以尽量改善移民的福利。当时带领我的是一位长得特别漂亮的美国女士，她在这个职位上已经工作了很多年，我可以深深感受到她对于这个领域的热爱，因此她做得很好，还被授予了奖章。

另外一家我所接触的机构，专门服务于动物的福利事业。带领我的那位女性对自己所从事的这一领域非常有热情。当时我们发起的一个项目，是在美国的华人群体中教育大家，吃鱼翅对鲨鱼种群以及对环境的危害。我们会在社交媒体上发起活动，包括通过一些海报和宣传材料，去分享相关的内容。

记得我和先生当时还曾经去参加过一个专门帮助少数族裔学生职场成长的非营利组织的活动。一个下午的时间，一位资深职场人和我们分享了如何在职场中展现自己，发现机会，让别人记住自己，包括有效社交的技巧，让当时作为美国职场新人的我们，非常受益。那也是我第一次接触到职场技能提升方面的相关信息。

正是接触过的一个个社会组织，让我看到热爱在一个人的身上，包括在社会中可以起到的巨大作用。因此，回国后，我也参与了许多社会公益组织的事业，在这个过程中，收获了许多美好。

从主体到客体，发现你的热爱

漫长的历史中，女性被视为一个依附于男性而存在的客体，她是没有自我的，更不用说有自己的热爱。因此，我非常欣赏古代那些有自己热爱的女性，不管是《浮生六记》中的芸娘，还是宋朝著名的才女李清照。正是在一份热爱中，女性开始有了自己主体的萌芽。

就像《觉醒：没有女性能置身事外》中，作者所提到的："当一个女性有了终身的热爱，她会很自然地把视野从被当作客体的自卑，和对男人的过度关注转移到对自身生命的扩展上。热爱是一种可以充分让我们与之交融，又不用担心主体性被剥夺的完美选择。"

在女性的一生中，有三个重要的圈：自我、家庭与事业。但很多女性往往只局限于后两个圈，却恰恰忽略了对自己来说最为重要的自我圈。自我圈里，包含着一个人的热爱，因为那里是一个人的灵魂所在。

与其纠结自己到底在哪些方面天赋异禀，不如先清晰你的热爱

天赋是一个人身上的高效模式，但只有少数人真的像莫扎特那般天赋异禀，能早早发现自己生来就非常擅长某一方面。

大部分人的天赋，可能在起初的时候并没有那么明显。然后在人生的道路中，发现自己喜欢做某件事，一直去做，而且在过程中不断改进，收到许多正向的反馈，越做越好。最终这件事就成了他的天赋。爱因斯坦曾说："我没有什么特别的才能，我只是激情般地好奇。"这份好奇心中生发的热情成就了一位伟大的科学家。

比如，我曾采访过个人特别喜欢的创新 HR 领域践行者，曾任任仕达大中华区董事总经理的高蕾女士。印象很深的是，当时她提到自己对于人力资源方面的热爱，刚开始时并没有很明确，但就是在工作过程中，通过自己的努力，不断地收获正向的反馈，越做越好，让自己明确了方向与热爱。

所以，与其去找自己到底在哪方面天赋异禀，不如先清晰你的热爱。

就像脱口秀演员付航的那条经典语录："这个世界上没有人在乎你，也没有人记得你。拿出你的激情可以改变人生。"

热爱可以让你发现生命中更多的可能性！

发现你的热爱，你就是太阳，光芒万丈！

比如恰恰姐，通过这么多年的自我探索，我非常明确我的热爱就是两点：创造与分享，只要涉及这两方面，我就可以孜孜不倦地输出。不断地输出也会让我越做越好，越做越有劲头！

▶ **思考时刻**

在不考虑经济、可能性等原因的情况下，有哪些事情，是你即使遇到很大的困难也会坚持去做的，把它们列出来。

五、动力：人生爆发的引擎

> 人并不是受过去的"原因"驱动，而是按照现在的"目的"活着。
>
> ——《幸福的勇气》

往哪走，都是往前走。越驱动，越生动！

——五菱汽车品牌广告语

动力，也称动机、驱动，是指一个有机体在追求某些既定目标时的愿意程度，它就像一辆汽车的引擎，驱动着我们的人生。

"动机"的英文是 motivation，源于拉丁词 motus，这个词根的意思是移动。所以动力、动机，是推动我们行动的因素。

内在动力与外在动力

一般来说，有两种类型的动力：外在动力和内在动力。

依靠外在的一些奖励、认可、等级等维持动机，称作外在动机。

人们从一项任务本身获得乐趣，从内容本身得到激励，这样的动力称为内在动力，真实领导力的经典《真北》的作者比尔·乔治认为：内在动力来自于一个人对生命意义的感受。他同时列了一个表格，清晰地指出了外在动力与内在动力之间的区别。

外在动力与内在动力对比

外 在 动 力	内 在 动 力
获取金钱	个人成长
拥有权力	完成一件工作之后的满足感
拥有头衔	帮助其他人成长
得到公众认可	找到工作的意义
获取社会地位	忠于自己的信念
战胜别人	改变世界

每个人生活在这个世界上,都会面临一定的诱惑与社会压力,因此在人生初期,先追求一些外部动力也是正常的。但是久而久之,外在动力是靠不住的。不过,我们并不需要回避外部动力,而是要把握好外部动力和内部动力之间的平衡。

一个人最为可惜的就是失去自己的内在动力,彻底抛弃那些能够给他们带来更深层次满足的东西。

星巴克的创始人霍华德·舒尔茨刚开始时在施乐做销售工作,享有高薪。但是这单纯的外部动力没有办法让他满足。所以即使当时还欠着不少大学贷款,他毅然辞去工作,并且不敢告诉母亲。

我在选择创业前,曾经任职于香港一家国际非营利组织,收入相对稳定与可观,也有机会接触到香港的社会名流。但后来,我迷茫于工作中价值观与意义的缺失,在经过了许多权衡与深思熟虑之后毅然选择了辞职,开始了女性学习社区"为伊女性"的筹备工作。这份选择其实并不容易,但如果继续之前的工作,又与我心之所向的发挥影响力、帮助他人的目标渐行渐远。对内在动机的坚持带领我作出了选择。

直到今天,我都不后悔当时的选择,甚至非常庆幸在这个过程中认识了真正的自己。

记得当时在阅读米歇尔·奥巴马的传记时,里面提到了美国前总统奥巴马。40岁出头就成为美国总统的奥巴马身上有一点让我印象深刻。他从哈佛大学法学院毕业之后,并没有像大部分人那样选择尽快进入律师这个赛道。在美国,当律师收入非常可观,而且也有着不错的社会地位。奥巴马走了一条少有人走的路,他选择去做社区事务,因为他认为这条路可以帮助他给这个社会带来更大的影响。

今天看来,这个选择,也因此铺就了他之后从政,甚至成为美国总统的路。

当然,也许我们大部分人,离奥巴马都很远。可以说,他是搭上了一艘极其快速的人生火箭,个人能力、运势、努力、情商、外在社会环境发展等等方面的结合,助他走上了这条快车道。

但是,他曾经面对的这个人生选择,值得我们大部分人深思。Making an impact,建立影响,改变世界。让我想到计算机科学家吴军老师曾经说过的一句话:真正的精英想要的是一个更好的世界,而常人通常只是要一个更好的自己。

所以,我们需要清晰自己的动力点,再结合自己的长处,找到将自己的能力与动力相互融合的领域。只有找到自己人生的热情，找到自己的兴奋点，才能将自己的潜能发挥到极致。

比如马云，他的创业之路，就是很好地结合了自己的能力与动力。他的能力包括战略部署、领导力、影响力、资源整合等，而他的动力则刚好切中利用当时稀缺的互联网资源改变国内的个人消费与商业生态环境这一点。这两点的强势结合，让他犹如旭日初升，迅速成为国内最富影响力的企业家之一。

驱动力 1.0 到 3.0

趋势专家、畅销书作者丹尼尔·平克在《驱动力》一书中，分析了驱动力 1.0 与 2.0 时代，并预言了驱动力 3.0 时代的来临。

驱动力 1.0：生物冲动。这个时代的主要目标就是生存。因此，最能驱动人类的就是马斯洛需求层次中最低的生理需求。

驱动力 2.0：寻求奖励，避免惩罚。随着人类进入更为复杂的社会，驱动力 2.0 时代来临。这个时代的激励机制简单来说，就是胡萝卜加大棒，奖励鼓励的行为，惩罚不鼓励的行为。但这种方式最大的问题就在于：将人类与动物等同。可人类却是一种比动物要复杂得多、高级得多的生物体。因此随着时代的发展，胡萝卜加大棒已经越来越失去了它的效用。

正是在这样的大背景下，丹尼尔·平克提出了驱动力 3.0 的三大要素：自主（autonomy），专精（mastery），目的（purpose）。

畅销书《内在动机》的作者爱德华·德西和理查德·弗拉斯特也提到，每个人都有三种最基本的心理需求：自主、胜任和联结。只有满足了这些需求，才能持续激发人们的内在动机，才能给人生带来最美好的体验。

自主

自主是指我做什么，我决定，即自主选择的权力。

缺乏自主与一个人客观上是否享受自由无关，而是内心缺乏一种生活中的主动权，总觉得自己是被这世界推着走，没有自由。实现自主，意味着可以根据自己的意愿行事，感受到一份心灵的自由。

在这几年的教练经历中，我曾经接触过许多非常优秀的女性，但是她们优秀的外表下，却经常藏着一颗高度紧张、无法松弛的灵魂。工作上高度的投入与付出经常会影响到她们对生活的把控，影响到重要的亲密关系，导致人生进入一个恶性循环。

比如之前遇到过一位学员，她其实很优秀，但是每天的生活都没有幸福感。后来经过与她的深入对话，我发现她处于一种比较矛盾的状态，根源在于她与父母的关系。一方面在内心深处极其想挣脱父母的影响，另一方面在现实中做的很多选择，包括持有的观点又不可避免地还是活在他们的阴影下。所以，她在生活中很纠结很"卷"，源头是因为她没有做到真正的自主与成为自己。

随着社交媒体的兴起，人们在职业上也具备了更多的选择,自由程度更高的自由职业者与轻创业的兴起,与每个人背后渴望自主的动机分不开。而且,即使是坐班制,也有越来越多的公司不会再像以前一样,采取僵硬的打卡制度。

我毕业之后从事的第一份工作是在一家事业单位,当时单位里就采用了非常古板的打卡制。我永远记得每天上班几分钟前和下班后,大家排着队打卡的情形。这样的机制也极大地扼杀了一个自由人身上的自由灵魂。当时与我同办公室的一位前辈,在行业层面上非常优秀,而且内心极其热爱工作。但是他喜欢时间上的自由,他可以加班到晚上9点(大多数人都是在下午4:30准时下班),但是不喜欢早上这么早(8:30)就来打卡上班。因此不久后就离职了,特别可惜。

近两年松弛感这个概念的流行,更说明了人们对自主的需求。

"幸福来自真正的自主",这是清华大学社会科学学院院长彭凯平教授在《内在动机》这本书的序言里所写下的一句话。

专精

专精是指一个人把想做的事情做得越来越好。

我是一名职业的教练,每三年就需要更新一次我的证书。在这个过程中,需要对标教练领域的最新标准,学习更新的技能。在这一过程中,会感觉自己收获很大,同时非常愉悦。

你也许不知道,作为一名专业教练,有很严格的标准,那就是国际教练组织（ICF）提出的 37 个教练标准，在更新期，我们做的每一次教练对话，都需要对标这个标准，进行严格的审核。

这是一个促使自己不断上升、不断精进的过程，虽然严苛，但可以带来很大的快乐与成就感。

其实除了教练，我相信每一个领域都是如此，音乐、体育、医学、科学，正是对专精的追求，推动着越来越多的人向着更高的目标进发。

目的

目的是指一个人有着超越自身的渴望，感觉到身上那些更伟大更长久的召唤，也就是一种使命感。这与我们在"意义与愿景"一章中提到的愿景息息相关。

这几年教育界的"网红"，前段时间因为反对女性做全职妈妈而被很多人所认识的张桂梅校长就是一个怀有目的与使命感的绝佳例子。

张校长这么多年兢兢业业，撑着病痛的身体也要努力，而且不求金钱、物质上的回报，一个很重要的原因就是她怀着想要帮大山里的女孩改变命运的初衷。

在云南的贫困地区待了这么多年，她很遗憾地看到许多女孩子在年幼时就辍学，然后没过多久就嫁人，一辈子只能陷于"结婚，生孩子，干活，再生孩子"的恶性循环与宿命之中。

她希望出自贫困家庭的女孩们，可以通过教育，把握机会，走出命运的恶性循环。这份使命感也同时成就了张校长，让她成为2020年度的"感动中国"人物。

我特别喜欢的女性领导者,上海迪士尼度假区市场部前副总裁薛一心女士,多年以来一直在倡导并实践的就是"目的驱动型领导力"。多年前我曾经采访过她,在采访中,她提到2014年她修改了自己人生的第三版使命宣言,在宣言中她提到,自己很想参与一家有影响力的组织,处身于一群最有影响的人中,去活出人生中更多的信任和爱。很奇妙的是,两个月之后,她就接到电话,邀请她参与春晖博爱儿童救助公益基金会。

她是我采访过的人当中唯一一个给自己人生满意度打10分的人。我想这可能正是一个有标杆有使命感的人生的魅力!

驱动力是一个复杂的因素,在一个人所做出的选择的背后,往往有着千丝万缕的线索。

在驱动力这件事上,九型人格也是一个好工具。

完美,对事情的执着驱动1号;助人驱动2号;成就驱动3号;浪漫驱动4号;对真理知识的追求驱动5号;安全感驱动6号;享乐驱动7号;权势驱动8号;和谐驱动9号。

我们需要认识自己,同时也需要认识他人。将他人对号入座时,就可以看到他们选择背后的原因。

当然驱动的背后也与经历息息相关。经历决定认知,认知决定结果。比如父母辈与儿女辈做出的选择不同,彼此不能理解,那是因为他们成长的经历决定了背后的驱动千差万别。

驱动也指向一个人的境界与格局。一个人到了哪种高度,高度差会决定驱动差。

▶ **思考时刻** ～～～～～～～～～～～～～～～～

1. 你现在处于追求外部动力还是内部动力的阶段呢?
2. 你最看重的外部动力或内部动力是什么?

六、身体语言：什么决定了你的沟通效果

在传播学中,有一句经典名言：You can not not communicate(你没有办法不沟通),由著名的心理学家、传播学家保罗·瓦茨拉维克所提出。这句话的意思是,当人们彼此看见对方时,传播就已经开始。每种互动都是一种传播。

所以,即使一个人什么话都不说,他只要站着,被他人看到,就已经开始了某种程度上的传播与呈现。他的眼神也许犹豫但又带着期盼,他的姿态也许坚定而又开放。言语之外,整个人就是信息的释放。

40多年前,美国加州大学洛杉矶分校的心理学教授阿尔伯特·梅拉宾提出了知名的梅拉宾法则,该法则简直颠覆了人们对于沟通的惯常认识。

我们可能会认为,在沟通中,语言起到了最为重要的作用,但梅拉宾教授却指出,面对面的沟通包含三个主要方面：语言、表达方式、身体语言。语言(沟通的内容)只占7%,表达方式(如语气等)占38%,身体语言足足占了55%。

所以,到底是什么决定了你最后的沟通效果? 答案可能

真不是你想的那样。

你关注过自己沟通时的身体语言吗？其实这些身体语言，一直在不断地向外界释放着它们的信息。

最近在与我的一位好朋友对话时，我发现之前气定神闲的她，这次却有点语速稍快。这让我想到她的朋友圈在几天前发过一条"这一年特别忙"的动态。出于关心，我把这个观察反馈给了她，她对我说，这一年的状态的确不太好，失去了很多身边的美好，新年确实要调整一下了。

还有一种情况是，当外界对一个人的认识与一个人自己对自己的认识之间有着很大差距时，当事人往往会觉得自己被外界误解。这当中的原因有可能是因为身体语言的存在。

记得曾经一位同学给我反馈，说经常看到我皱眉头，内心觉得我是一个不那么好相处的人。她的这个评价让我非常讶异，因为我一直觉得自己还是一个比较友善的人，亲和力也很强，没有意识到皱眉头这个习惯会给他人带来这样的误解。后来我意识到，自己在思考时有时会习惯性地皱眉头，这种陷于思考中的习惯状态，却向他人释放出了意想不到的信息。

我的一位朋友，提到自己经常会被人误解，被他人认为高傲，看不起人。通过对她的观察，我发现她为人其实非常直爽真诚，但的确在表达与语气的运用上会给人高傲的距离感。她自己可能没有认知，但沟通对象会很容易觉察到。

你是否碰到过一些在社交场合与你站得过近的人，有没有因此觉得不舒服呢？在很多情况下，我发现自己会一点一点往后退，但对方竟然没有意识到这个问题，还会一点一点往前靠近。这样的人,需要的就是认知自己身体语言中的物理空间。

这里,我们用身体语言指代所有的非语言信息,它们包括:

身体动作:身体是朝向哪个方向的,背对还是面对;

姿势:身体的姿态如何;

手势:手呈现什么形态;

表情与眼神:目光的接触如何,脸上的表情怎样;

发声:语气词,停顿,口头禅;

触碰:相互触碰;

外貌:穿着打扮;

物理空间:人与人之间的距离、气味等。

以手势为例,相关研究发现,塔型的手势,可以表达出一定的权威以及一个人内心的自信;将双手抱在胸前,则表达了一个人内心的不安全感与防卫;而像世界名画《蒙娜丽莎》中那样的手势,则表达出了被画者,女性的一份恬静优雅。

在经典影片《穿普拉达的女王》中,扮演老板的梅丽尔·斯特里普就通过许多身体语言,演绎了电影里那位时尚女王的强势。比如,经常性的双手叉腰、俯视,等等。

在穿着打扮上,以女性为例,如果一个人过于喜欢中性硬朗的服装,这也许反而映射出了她内心的不安全感。而一个穿着柔美、女性化的人,未必内心就一定软糯,反而可能是很刚强的。

我认识一位女性领导力专家,对她分享的"着装转变史"

印象非常深刻。刚入职场的时候,她的穿着基本上都是黑白灰,清一色的西装硬朗风格。那时候她的为人处世、工作风格也基本上非常"刚"和"硬"。

一直到缺乏柔软的她在生活中碰了壁,才开始去反思自己,包括自己的人生。于是,她的着装,即非语言部分产生了很大的改变。她意识到,正是因为自己在成长过程中,受到的是父亲的军事化管理,才带来了身上太刚强缺乏柔软的一面。因此,从认识自己的那一刻开始,她刻意地关注调整自己,也开始喜欢上了偏柔美风格的衣服,穿上了碎花的长裙,留起了美丽的长发。而她的个性,也变得越来越柔软,越来越包容。

因此,一个人的着装,某种程度上可以反映出其内心的状态。

每个人都有爱美的天性,每天都会照镜子。下次在照镜子时,试试看分析一下自己的非语言信息,相信会带给你很多有关自我认知的启发。

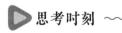
思考时刻

录一段你与人沟通,或者做演讲时的视频,看看在身体语言的哪些方面可以有所提升?

第七章
如何认识自己·认知篇

> 有两件事物我越思考越觉得神奇,心中也越充满敬畏,那就是头顶上的星空与内心的道德准则。
>
> ——伊曼努尔·康德

一、价值观:人生的指南针,带领我们走向真北

原则与价值观

2017年,一部重磅巨作风靡了欧美的金融界与商界,很快也震撼了中国的商界与职场。它就是知名的投资家、企业家,对冲基金公司桥水创始人瑞·达利欧根据自己多年的商界经验撰写的《原则》。这本书结合了他自身的经历,列出了在生活和管理中重要的原则。

微软创始人比尔·盖茨评价:瑞·达利欧给我提供了无

比宝贵的指导！《赫芬顿邮报》创始人阿丽亚娜·赫芬顿如此评价：这是一本融汇着集大成智慧的书！

达利欧在自己的书中这样定义原则："原则是根本性的真理，它构成了行动的基础，通过行动让你实现生命中的愿望。原则可以不断地被应用于类似的情况，以帮助你实现目标。"

价值观与原则虽不完全等同，但两者之间有着紧密的重合关系，原则包含了价值观，价值观决定了原则。

什么是价值观？根据MBA智库百科的定义：

价值观，是指个人对客观事物（包括人、物、事）及对自己的行为结果的意义、作用、效果和重要性的总体评价，是推动并指引一个人采取决定和行动的原则、标准，它使人的行为带有稳定的倾向性。

价值观的意义

当今时代，我们需要提升自己，不断学习，不断地做加法。但同时也需要不断地筛选，不断地做减法。因为外部世界的诱惑和压力太多，很容易让我们偏离自己的航道。而在面对外部诱惑这些容易让一个人偏离轨道的事物时，价值观起到了很大的作用。因为价值观是我们人生的指南针，可以引领一个人定格在人生道路上的北方。尤其面对如今异军突起的人工智能的冲击，价值观是帮助我们不被AI取代的重要因素。

人相较于机器或者动物，最大的优势之一在于人会追求"本我"之上的超我，人有道德心，会自我控制和自律，让自己变得越来越好。虽然在技术上，自动驾驶已经不是问题，但是之所以没有被广泛应用，就是因为人的这种自我控制力和承担责任的能力，是机器永远不具备的。人并不是任何时候都会按照既定程序运行，人会根据情境来判断，怎样做是对自己和他人最好的选择，有时人也会愿意为了某些价值观而牺牲自己。

电影《人工智能》里，一对夫妇因为自己的孩子生病被冷冻，就收养了一名机器人孩子大卫。此时人类的科学技术已经达到了非常高的水平，机器人孩子大卫非常逼真，它也被输入了情感程序，拥有爱。但是在养父养母自己的孩子康复之后，情况发生了很大的变化。大卫做了一系列不被人们接纳的事情，它所缺乏的正是一种自控力与道德判断力。

前段时间有一则新闻，说意大利个人数据保护局宣布，将暂时封锁意大利境内访问 ChatGPT 的途径，据说是担心 GPT 搜集用户个人信息。包括加拿大和美国在内也都表示对 OpenAI 未经用户同意搜集信息表示担心。

这个现象恰恰反映了在价值观与道德上人与机器的差别非常大。一个人在搜集信息、完成相关任务时，会考虑到法律与道德，但是机器不会，因为机器不具备自控力和价值观。

价值观，是一个人最好的保护伞！

价值观与三观

在生活中我们经常会听到"三观"这个词，"三观正""三观不合"等。那到底何为三观？三观和价值观又有什么关系？

什么是三观不合呢？

很多文章将三观定义为世界观、价值观和人生观，但我比较认同华东师范大学哲学教授刘擎老师的观点。他认为，三观是指世界观、道德观和人生观，而道德观和人生观都属于价值观的范畴。他还指出，我们经常说的"三观不合"，基本上是一种"懒惰哲学"，是为了方便和偷懒就随意拿来用的说法。

世界在变化，我们每个人也都在变化，所以三观也是动态变化的。刘擎老师说："人的三观本来就是在社会化的过程中塑造的。可以塑造，本身就意味着可以改变。适度地冒险，接受挑战，会让自己变得更丰富。"

所以，一个人三观中最核心的部分应该是大体不变的，这就是所谓的初心不变。但在成长的过程中，个别观念也会随着时代发展而有所更新。

比如经典剧《唐顿庄园》讲述了一个英国的豪门贵族在20世纪20年代经历的家族兴衰。而故事的一个关键词，就是"变"。那是一个风起云涌的时代，美国的发展，女权民主的兴起，从农业社会向工业社会的转变……一个能够随着时代潮流更新自己三观的人，才能更好地随着潮流而起舞。

其中有这样一段情节。格兰瑟姆家族的三女儿伊迪丝主张社会的平等与发展，喜欢女权，私自去参加了一场女权的聚会演讲，这让伯爵罗伯特很生气，在晚餐上大发雷霆。很明显，伊迪丝和其父亲在世界观上是非常不一致的。父亲是老派的贵族，观点上更为保守，接受不了激进的社会更新。但伊迪丝年轻有冲劲，喜欢改革与革新。这件事过去不久，伊迪丝向父亲恳请,希望可以去参加一个慈善活动。父亲本来是拒绝的,但伊迪丝继续恳求,与父亲沟通到这场活动的重要性。当父亲问道:"你怎么总关注阴暗面呢?"她的回答很赞,获得了父亲的赞同,也让沟通的目的胜利达成:"因为阴暗面需要我们的帮助,如果阳光普照万物,又何必多事。"这就是两个三观不同的人之间达成共识的很好例子。

价值观筛选

有一个知名的价值观游戏,很值得推荐。

准备8张纸条,在纸条上分别写下你最珍视的8样事物,比如家人、财富、健康、成功,等等。第一轮,尝试从这8样事物中选择5样,舍弃3样。第二轮,尝试从剩下的5样事物中选择3样,舍弃2样。最后一轮,从剩下的3样中只留下1样最为重要的,这便是你人生中最为重要的事物,在任何情况下都要将其摆在第一位。

很多时候,一个人真正的一面,其实不在于他愿意给什么,而在于他愿意舍弃什么。当面对压力,从一个人的选择中,最能看出对他而言什么是最重要的,从而发现他真正的价值观。

比如,在我们的真我闪耀教练团体课中,曾经有一位女性一直遗憾自己因为家庭生活而舍弃了事业,这种耿耿于怀让她很多时候不太开心。但是通过价值观的练习,让她发现自己当时做出这样的选择,其实就是因为家庭是她生命中最为重要的部分。即使面临第二次选择,她仍然会义无反顾地这么做。意识到这一点,让她有了更多的释怀,从而给生命带来更多的动力。

另外一位女性也有相似的经历。生活在一线城市的她,在面对家族房产之争时,毅然放弃了本来应该属于她的一份利益。虽然自己的利益受到了损失,但她想起这件事情来却充满着坦然与骄傲,因为当时的选择符合她公平正义的价值观。

选择的背后就是价值观。人们常说,选择比努力更重要,也许是时候来认识一下自己背后的价值观了!

▶ **思考时刻**

用文中的舍弃游戏得出的你的前几大价值观,分别是什么呢?与身边的朋友交流一下。

二、情绪:上帝所赐的珍贵礼物

> 人们会忘记你所说的,忘记你所做的,但他们永远不会忘记你带给他们的感受。
>
> ——玛丽安·吉洛

其实你听到最好的音乐,读到最好的诗,看到最美的月光,都会热泪盈眶,里面有一个真正的自己被打开。我想美的力量,真的就是在这里。

——蒋勋

什么是情绪

情绪是指一个人从事某种活动时产生的心理状态，泛指情感。虽然我们习惯说控制情绪，管理情绪，但"情绪"这个词本身是中性的，既可以是一波可以吞噬一切的巨浪，也可以是一朵可以随着弄潮儿起舞的浪花。

一个人的情绪，其实和他的特质、个性，包括价值观都有关联。所以，我很喜欢演讲潜能大师安东尼·罗宾对情绪的称呼，他将情绪，尤其是负面情绪视为"行动讯号"。

很多时候，情绪就是大脑所发出的讯号，提醒我们哪些地方必须加以改变，哪些地方需要有所强化。而我们，可以成为情绪的主人，因为我们对自己面对情绪时的反应是有掌控权的。

反之，当我们收到情绪这一"行动讯号"，却忽视、否定、放任这些情绪发展，那就是在"暴殄天物"。

情绪的来源

处理好情绪，我们首先需要知道情绪是怎么来的，为什么会有情绪。

在很多情境下，我们所看得到、感受到、表现出来的情绪正如冰山之上浮在水面的那一点点，而它的起源，居于水面之下，很深邃。

情绪的背后有着一个人复杂的信念、价值观与思维体系。

出现负面情绪可能是因为我们的信念、价值观受到冒犯或挑战。

出现正面情绪是因为事情的发展与我们的信念、价值观，或预期相一致。

情绪与情感

英文里，"情绪"和"情感"，用的是同一个词，emotion。包括我们所熟知的"情商"这个概念，全称是"情绪商数"，英文是emotional quotient，直译过来就是情感商数。

情感、感性是上帝赐给人类一份美好的礼物。尤其对于女性来说，这是她们区别于男性的优越之处。但遗憾在于，因为人类长期重理性、重逻辑的思潮，忽视了情感的重要性。

这就是我们经常说的左脑与右脑的区别。左脑主管一个人的理性、逻辑、语言、思维，而右脑作为感性脑，主管着人的情感、直觉、本能、人的艺术天分，以及对美、对幸福的感受。

长期以来，因为社会崇尚理性与知识，某种程度上压制了右脑的开发，也隔断了人们对于美、对于艺术的欣赏，以及对于自我的本真的感受。

著名的画家、诗人与作家蒋勋老师曾说："美没有知识上的问题，很多人因为知识，反而看不到美，感觉不到美。我们太依赖大脑的一半的思维部分，可是感觉部分，我们根本就不敢相信。"

他认为艺术学习非常关键的一点是在美学上对"感官的训练更细致"。

所以，虽然情绪管理是很多人的痛点，但我仍然想邀请你在面对自己的情感时先学会接纳，欣赏所有情感的美好之处。

有多少人,曾经用手抚摸着自己的心口,去深深地体会、寻找过自己内心深处真正的感受呢!

当然有的时候,情绪情感,也会像一只洪水猛兽,吞噬自己和他人。这也是为何很多人害怕情绪、否定情绪、不接纳情绪。但害怕、否定和不接纳,带来的只可能是人生的僵硬,于活出真实而又自如的自己无益。所以,认识自己,特别需要先认识自己的情绪。

情绪与自我认知

与情绪情感相关的"情商"这个词最初由美国心理学家约翰·梅耶和彼得·萨洛维于1990年提出,但并没有引起广泛关注。直到1995年,《纽约时报》记者丹尼尔·戈尔曼出版了《情商:为什么情商比智商更重要》一书,才引起全球性的讨论。因此,丹尼尔·戈尔曼被誉为"情商之父"。由于这项成就,丹尼尔·戈尔曼还获得了美国心理协会终生成就奖。

在他的书里,戈尔曼将情商分成四个部分:自我意识、自我管理、社会意识、人际关系管理。

前两者是一个人与自己的关系,后两者是一个人与他人的关系。自我关系中的自我意识,就是一个人对自己的认识。认识好自己,才有可能管理好自己。同理,认识了自己,也可以帮助自己更好地认识他人。

认识自己的情绪

一个人除了需要认识自己的优点与缺点,避免"只缘身在此山中"之外,还需要认识自身的情绪,以及自身对情绪的看法。当情绪发生的时候,大部分人是没有意识的,这时可能会任凭情绪的惊涛骇浪吞没自己与他人。但是如果当时当刻能意识到:情绪正在发生,自己产生了什么样的情绪,那么对于自己的情绪管理会有极大的帮助。

比如,当与家人发生一些争执、正在发怒的时候,能意识到"我生气了",同时意识到"生气对我不好,会让我难过好长一段时间"。那么,这时作为当事人,我就能做到主动处理自己的情绪,管理好情绪。

在心理学中,有一个名词叫作述情障碍,指的就是那些情感空白、贫乏、说不出自己感受的现象。这会给一个人正常的生活带来极大的问题,因为"情绪感受对个人选择起到关键的导向作用,强烈的感觉会破坏理性,但是没有感觉会破坏选择。理性与感性共同完成决策。"(《情商》)

千万别忽略了自我意识的情绪层面:识别情绪,而且用语言去表达出来,看到感受对自己的影响,看到感受与决策之间的关系。所以,对情绪的反应会有两种:一种是自然反应,就是反射性的情绪反应过程;一种是经过自我管理的情绪反应,这是一种受管理的情绪回应过程,是比较理想的情绪管理状态。因此,想要管理情绪,自我认知、自我觉察是情绪管理的基础,必须认识自己的感性与理性,认识自己面对情绪时用的是回应还是反应。

情绪的分类

通常,我们会将情绪分为积极情绪与消极情绪。

积极情绪包括快乐、兴奋、舒适、满意、放松等,消极情绪包括难过、愤怒、失望、沮丧、紧张等。

心理学家认为,消极情绪是人类在漫长的成长过程中,应对外界危险的第一道防线,它们可以使一个人快速进入战斗状态。但进入现代文明时代,人类需要面对的挑战不再仅是外界的危险与侵害,反而更多的是内心的调整与平衡。因此,积极情绪在这样的大背景下,显得尤为重要。

美国卡内基·梅隆大学相关研究表明,较高的积极情绪使人变得强壮,可以更好地抵御感冒等疾病的侵害,而较低的积极情绪则使人变得虚弱。悲观可以在很大程度上预测心血管疾病导致的死亡,可能是导致癌症的一个风险因素。

中医说肝气郁结,气血不畅,的确有一定的科学道理。

我的一位学员,她非常注重身体的锻炼,身材也保持得很好。但在体检中,身体仍然被检查出很多问题。她自己反省是因为内在的郁结,因为多年来在婚姻中没有得到情感上的满足,她一直处于郁郁寡欢的状态。而身心灵是紧密结合的一体,因此心灵情绪上的问题,导致了身体上的不良状况。但迄今为止,并没有证据表明,积极情绪与消极情绪这两者之间是反比关系,即消极情绪越多,积极情绪就越少,或者积极情绪越多,消极情绪就越少。因此,我认为两者的关系,也许就像《头脑特工队》所展现的那样,对于一个人的成长健康同等重要。快乐使我们愉悦满足,但悲伤与难过也可以让我们更真实地展现自己,获得他人,包括父母、配偶、朋友的体谅与帮助。

心理学家亚伯·艾里斯将消极情绪分为两种：一种是健康的，比如难过、后悔、失望、挫折感；另一种是不健康的，比如愤怒、沮丧、恐慌。所以，消极情绪并不完全有害，适度的消极情绪对我们反而是有益的，可以让我们往好的方向发展。

也许消极情绪的意义，正像美国学者布琳·布朗博士在泰德演讲里所提到的，是一种"脆弱的力量"。

接纳自己的消极情绪

当消极情绪出现了，比无视、否定、逃避更为重要的，是去接纳、理解。

"真正的勇气并不是你已成为一个无所畏惧的战士，而是你能够在当下全然地接纳你的脆弱，直视你内心的脆弱。"（布琳·布朗语）

所以，消极情绪有时也是人生的一份助力。根据布朗博士的研究，越是承认自己不完美、脆弱、需要帮助的人，反而越容易与他人建立美好的连接。因为，承认自己不完美，展现出自己身上真实、消极的一面，需要勇气，接受他人帮助，也是一种能力。

在女团节目《创造101》中脱颖而出的歌手杨超越，就是一个很好的例子。在节目中，杨超越很真实地展现出她身上消极情绪的一面。她认为自己是笨小孩，干啥啥不行，跟老板吵架第一名；她哭诉自己承受的爱太重："我每天都要爬起来跳舞，我每天都好焦虑啊。"但她的这份真实，最后还是赢得了观众的喜爱,而她也成为女团中知名度最高的一个。

她认为自己给很多平凡女生做了一个很好的榜样:"你们看,老天不一定爱聪明的人,也有万分之一的概率会宠幸到笨小孩身上,不要放弃平庸和笨的自己!老天就是喜欢你,你就配拥有这些爱!"

因为观众都是有代入感的,一个真实、有那么点小缺陷的人设,反而会更多地激起他们的共鸣。

消极情绪的意义还在于,它可以让我们更加具备同理心,更加懂得他人的爱与痛。在电影《头脑特工队》里,有一个让人印象很深刻的情节。乐乐等积极的情绪小人,很不能理解忧忧,整天悲悲戚戚,杞人忧天。但有一次,她们遇到一个心灵忧伤的人,无论乐乐如何鼓励她,那个人都无法被打动。但忧忧一去,这个人马上觉得自己被理解,得到认同了。

真实,永远比强装欢笑来得重要。

管理情绪的智慧,在于平衡好自己身上的两类情绪,多用积极情绪的积极力量去消解负面情绪发生时的消极影响。

比如许多抑郁症患者,如果可以在感受上出现苗头的时候,就多用喜悦与快乐来帮助自己走出困境,很多人后来也不至于陷入那么无望的境地。

人生需要平衡,情绪也需要平衡

著名心理学家、积极心理学领域的先锋人物、《积极情绪的力量》一书的作者芭芭拉·弗雷德里克森,曾经提出过一个积极情绪与消极情绪的分界线比例,2.9:1。她称这个比例为积极率。

她提到:"我们在研究时录下了60家公司开会时所有的对话,其中1/3的公司生意红火,1/3的公司运转得还不错,而剩下的1/3正面临破产。我们将每个句子根据积极或消极的词语进行编码,然后直接算出积极与消极的比例。其中存在一个明显的分界线,当积极与消极的比例大于2.9:1时,公司就会蓬勃发展。低于这个比例,公司的经济就不好。"

但弗雷德里克森认为,"也不要过度追求积极。生命是一艘船,积极情绪像船帆,消极情绪像船舵。比例超过13:1,船就没有了船舵,再积极的船也会漂浮不定,会让人觉得不可靠"。

这种比例同样适用于个人。《获得婚姻幸福的7法则》的作者约翰·戈特曼,用同样的方法统计了夫妇在一个周末中的谈话,发现"如果积极和消极的比例低于2.9:1就意味着一对夫妻快离婚了。要想获得紧密和充满爱的婚姻,两者的比例需要达到5:1——你对配偶的每句批评都要配有5句积极的话"。

因此,弗雷德里克森认为,个人、婚姻和商业团队的欣欣向荣和成功,都伴随着高于3:1的积极率。但积极情绪并不是越多越好,消极情绪也并不是一无是处。积极率也有一个上限,大致在11:1。

我很喜欢弗雷德里克森用浮力与重力的关系来比喻积极情绪与消极情绪的平衡:"浮力是一种把你举向天空的无形的力量,而重力则是把你拉向地面的力量。不加抑制的浮力让你轻狂、不踏实和不现实；而不加抑制的重力，则让你在大堆的痛苦中坍塌。……适当的消极情绪传递着重力的承诺，让你脚踏实地。相比之下，由衷的积极情绪提供了让你振作和欣欣向荣的旋梯。"

"情商之父"戈尔曼说，"舒缓情绪的艺术是基本的生活技能"，可是在现在的教育制度下，我们只注重竞争与排名，对这方面的教育是少之又少的。无怪乎，当人们踏入工作领域，面对更激烈的竞争时，会出现一些悲剧。

因此，我们的社会，我们的孩子，亟须情绪教育。

情绪与大脑

在对情绪的认识上，我们经常容易犯的一个错误是，将理性与情感完全割裂开来，认为两者是对立的，有头脑就没情绪，有情绪就没头脑。这其实是对情绪的一种误解。

动画片《头脑特工队》中，非常有意思的设定是，一个人大脑的中心竟然是被五个情绪小人控制的，其中包括乐乐、忧忧、怒怒、厌厌、怕怕。他们共用一张控制台，来帮助小女孩莱莉作出各种应对。

情绪的作用与平衡，可以帮助一个人建立健全的人格。比如，《头脑特工队》中的小女孩莱莉的大脑中，有五个人格岛：家庭岛、友情岛、搞怪岛、诚实岛、冰球岛。当她偷了妈妈的信用卡，诚实岛就开始崩塌了。当她选择离家出走，家庭岛开始出现问题。而所有这些问题的源头，都是来自情绪的平衡。

电影中小女孩的控制中心只有一个控制台,但是爸爸妈妈的控制中心,每个情绪小人都有一个控制台。这表明儿童时期的情绪比较单纯,儿童也比较难以控制自己的情绪。但随着年岁的增长,一个人的情绪也会变得越来越复杂,出现混合情绪,而成人也越来越可以控制好自己的情绪,懂得在不同的场合应用不同的情绪。

如何管理情绪

第一,利用"ABC情感模型"。

诺贝尔文学奖得主《百年孤独》的作者加西亚·马尔克斯在自传《细说从头》里说:"生命中最重要的并不是发生了什么事,而是你记得什么,和如何去记忆发生过的事情。"

这句经典名言很好地总结了认知心理学上知名的 ABC 情感模型,可以帮助情绪管理的价值模型。A 代表了触发事件(Activating Events),B 代表了信念(Beliefs),C 代表了结果(Consequence)。一个人在面对一件事情时有着怎样的反应,取决于其信念如何阐释发生的事情本身。

比如一个很简单的情境,当我们发了一个消息给朋友,她没有回复时,不同的信念与想法可以决定不同的结果。如果我们认为朋友可能是因为工作太忙,暂时没有看到,等闲下来会回复,那么结果就不会带来许多情绪。但如果我们认为朋友没有回复是因为不重视,心里就会产生很多的涟漪。

所以,最重要的是处理信念,而信念本身就是一种思维想法。

第二,利用"昨日重现法"。

心理学家弗雷德里克森说:某些思维模式是一些特定情绪的常用杠杆。因此她强烈推荐用"昨日重现法"去研究每个人身上的规律与日常体验的模式。

首先,记录你何时醒来、何时睡觉。然后回顾自己一天中所有的片段,像写日记一样。给每一个片段标上数字,写下每一个片段开始和结束的大致时间,并附上一个简短的描述。最后,将每一个片段的情绪细节补充进去。

比如,某一天我的"昨日重现法"的记录是这样的:

(1) 5:30—6:00 阅读　　平和

(2) 6:00—6:40 写作　　平和

(3) 6:40—7:00 拥抱孩子　　幸福温暖

(4) 7:00—8:00 早上照顾孩子起床、吃早饭、上学　　焦躁　崩溃

(5) 8:00—11:30 早上的工作　　安静　平和

(6) 12:00—14:00 中午的休息　　舒适　平和

(7) 14:00—16:00 下午的工作　　平和

(8) 16:00—20:00 接孩子、晚上辅导作业等　　劳累、生气、忙碌等

从中可以看到,我大部分时间的情绪状态还是比较积极的,但小部分时间,尤其是面对孩子,当时间紧张时就会产生生气与焦虑。

后来我尝试去分解我在这个过程中的信念与思维,看到我对孩子的生气源于我认为他是故意在与我作对,在气我。

后来转念一想,孩子这样的反应,是因为早上没睡够,或是夜里没睡好,这时他需要的是更多的关爱与体贴。

的确,当我给予孩子的是关爱体贴而非斥责时,我发现他的反应会更为平和一点。这样也能避免各自的情绪爆发。

选择的自由

曾经在纳粹集中营中经历生死,又创建了意义疗法的心理学家维克多·弗兰克在他的著作《活出生命的意义》中提到:"在刺激和反应之间,有一个空间,在那个空间中,我们有力量选择自己的反应。我们的反应展现了我们的成长和自由。"

所以人类在面对外界刺激时,有两种模式:一是消极被动模式,这种模式认为环境与条件对一个人起着决定性的作用;二是积极主动模式,这种模式认为在刺激与回应之间,人是有选择的自由的,因为人类有着自我意识、想象力、良知、独立意志等四种特殊的天赋(《高效能人士的7个习惯》第二章)。

这四种天赋的存在,让一个人可以做出负责任的选择,做出对自己、对他人、对整个情境最好的选择。

不合理的信念

人为什么会有情绪困扰?因为人生来就有理性思考与非理性思考的倾向。当人们以理性去思考、去行动时,就会产生积极的情绪;当人们用非理性去思考时,就会产生消极的情绪。而非理性思考的背后,正是一个人内心存在的不合理信念。

知名的心理治疗师亚伯艾里斯根据他的临床观察,总结归纳出了11种不合理信念：

（1）在自己的生活环境中，每个人都绝对需要得到其他重要人物的喜爱与赞扬。

（2）一个人必须能力十足，在各方面或至少在某方面有才能、有成就，这样才是有价值的。

（3）有些人是坏的、卑劣的、邪恶的，他们应该受到严厉的谴责与惩罚。

（4）事不如意是糟糕可怕的灾难。

（5）人的不快乐是外在因素引起的，人不能控制自己的痛苦与困惑。

（6）对可能（或不一定）发生的危险与可怕的事情，应该牢牢记在心头，随时顾虑到它会发生。

（7）对于困难与责任，逃避比面对要容易得多。

（8）一个人应该依赖他人，而且依赖一个比自己更强的人。

（9）一个人过去的经历是影响他目前行为的决定因素，而且这种影响是永远不可改变的。

（10）一个人应该关心别人的困难与情绪困扰，并为此感到不安与难过。

（11）碰到的每个问题都应该有一个正确而完美的解决办法，如果找不到这种完美的解决办法，那是莫大的不幸，真是糟糕透顶。

很有意思的是，我发现这些不合理信念，也特别对应九型人格中的不同人格类型。比如信念（1），对应2号人格，信念

(2),对应 3 号人格,信念(7),对应 7 号人格,信念(8),对应 6 号人格,信念(11),对应 1 号人格。

请自测一下,你符合这 11 种不合理信念中的哪几项?

情绪管理 4A 流程

讲到情绪管理,我尤其推崇美国的畅销书作家、知名的管理领域思想者苏珊·大卫提出的 4A 流程。

Acceptance 接纳

正如前面我们提到的,通常我们会把情绪分成好的和不好的,快乐、积极、乐观是好的,而悲伤、难过、消极是不好的。但人生是充满不确定性的,唯一确定的也许只有无常与变化,所以所谓"不好"的情绪是肯定会产生的。因此,我们不仅需要接受自己的"好"情绪,也要学会面对"坏"情绪,接纳它,认识到这就是我们身上的一部分。而且,它们也有着积极意义。

对产生的情绪有批判,有否定,并不是在管理情绪,而是在叠加、恶化情绪反应。记住这一点可以帮助我们做好情绪管理的第一步。

Agility 敏锐

我们需要对情绪有敏锐的觉察,而非僵硬的否定。观察它,接纳它,对它进行分类,进行思考。

认识自己在情绪方面的模式:在怎样的情况下,我的情绪特别容易被拨动,这中间有着怎样的共性?

敏锐也代表着一种自由。接纳自己的情绪,但却可以不被情绪所限。

苏珊·大卫认为：情绪敏锐，关乎如何让自己放松下来，冷静下来，学会与自己的意愿共处。情绪敏锐，关乎选择如何应对你的情绪警报系统。

在认识自己的情绪方面，我特别推荐九型人格这个工具，因为它指向了一个人基本的欲望与恐惧。认识了这些欲望与恐惧，我们就可以认识一个人情绪波动的模式。

1号完美型，其最大的渴求就是完美，因此当他发现有不完美的元素出现时，便会出现情绪的波动。2号助人型，其最大的渴望就是被人欣赏与赞扬，因此当得不到认可的时候，就容易情绪失控。3号渴望被人认可自己的成功与能力，4号渴望让人看到自己的独一无二，5号喜欢思考，因此他们惧怕无知与愚蠢，6号喜欢衷心与顺服，因为他们极度害怕不安全感，7号喜欢享乐与变化，最害怕失去快乐，8号喜欢权威与力量，最讨厌变得软弱无力，9号喜欢和谐接纳，害怕冲突。

因此，情绪的背后，其实隐藏着你的惧怕。这就有点像我们熟悉的情绪按钮的概念。每个人的身上都存在着一个按钮，击中这个按钮特别容易让一个人情绪爆发。每个人的按钮都不一样，引爆点也不一样。所以，做好情绪管理就像拆弹，要精确地分析炸弹背后的系统与引爆机制。

Accuracy 精确

不只在科学领域需要精确，自我认知与情绪管理中同样需要精确。我们需要精确地说出、标记出自己所体会到的情绪到底是什么。

通常，我们会说自己感到难过，但难过的背后是什么呢？

是失望,是感到被弃绝,还是不被理解?

标记越精确,越有助于我们后期所采取的行动。

一些心理研究者认为,人类需要去认识两个世界,一个是外部的世界,在这个世界里,我们需要去认识自然万物,人类丰富的物产和创造。而同样不可忽视的是,我们还需要去认识人类内部的世界,这里面就包括了丰富的情绪。除了难过、快乐之外,我们还有非常丰富的词汇来描述情绪。家庭治疗领域的先驱萨提亚总结了500个描述情绪的词汇,如果需要,可以自行去搜索,看看你曾经体会过几种。

Act 行动

最后,我们仍然需要让自己行动起来,结合自己的价值观行动起来。你最珍视的事情是什么?你最不能被夺走的事物,又是什么?

自从认知到情绪管理的重要性之后,我就开始刻意地去留意,并且善待自己的情绪。有一次,当我的孩子因为生病去不了幼儿园,我因此不得不取消那天已经安排好的所有事项,而且天气又阴沉下雨,我的爱人又要准备去出差,四天以后才能回来。我感觉自己的心情很糟糕。但是,我留意到自己的情绪不对,开始坐下来保持安静与思考。我看到自己主要面对的情绪有3种:

担心:孩子生病,内心有担忧。

烦躁:不得不取消所有的计划,内心对计划的期望落空。

孤独:爱人要出差,照顾两个孩子的重任落在了自己一个人身上,感到孤单。

这其中，烦躁的比重最大，大概占10分中的5分，担心是2分，孤独是3分。之所以担心的分数不高是因为孩子生病的症状还比较轻微，也在改善。而孤独的话，我知道那也是一种自己必须去承担起来的责任。但是在烦躁这一点上，因为我是一个非常需要生活的有序感与前进感的人，一旦发生变化、计划改变，会让自己陷入很大的失落与沮丧。

所以我就在想，怎么做可以减轻我的这份烦躁感。原来安排的直播做不了，也许可以安排其他不那么受孩子影响的项目来代替，比如写作。

后来，我在那天完成了一篇文章的写作，以及书稿的部分写作，内心重回那种有序与成就感，也很快恢复了积极的情绪。所以，情绪管理需要我们行动起来，不断前行，人生才能走向丰盛！

▶ **思考时刻**

1. 用ABC法分析你最近遇到的一个情绪情境，看看是否会带给你一些新的启发与思考。

2. 用昨日重现法，重现你某一天的情绪状态。

三、知识储备与思想领导力：每一段经历都是宝藏

> 人生的价值，并不是用时间，而是用深度去衡量的。
>
> ——列夫·托尔斯泰

每一段人生经历的宝贵

在教练工作的过程中,我发现一个人在面对转型时,经常会将原来的储备与经验一笔勾销,觉得自己要转型,需要从零开始。但其实完全的归零是不需要也不可能的。我们人生的每一段经历,都是一粒璀璨的珍珠,有一天你会发现,把这些珍珠串起来后,能收获一串光彩夺目的项链。

因此,在我的教练项目中,我会帮助参与者们去梳理他们的思想领导力,让他们清晰了解自己通过以往的经历所积累的知识、兴趣与主题。通过1-2个小时的教练,他们往往会发现,自己竟然具备这么多领域的知识储备与思想领导力,真是妙不可言。

思想领导力的源起是1994年美国《战略与商业》期刊原主编乔尔·库兹曼提出的"思想领导者"(thought leader)的概念,指那些拥有原创想法、独特观点、全新见解的商业领袖,而思想领导力就是指那些人独特原创的思想价值输出。

其实,思想领导力并不仅仅局限于商业领袖们,我认为,每个人都可以拥有自己的思想领导力,因为每个人都有自己独特的知识储备与思想。

之前我给大家列过下面这个公式,每个人每天可以与自己有这么多(63 000句)对话,一生可以有将近18亿句对话。

(24小时-6.5小时睡觉)×60分钟×60秒
=63 000句

假设一个人能活到80岁,那么,他/她的一生中与自己总

共会有

63 000×365×80＝1 839 600 000 句对话。

只要将自己这些对话的 1/10 甚至是 1/100 记录下来，就可以拥有极其丰富的思想领导力。

比如，以下是我给一位被教练者梳理的思想领导力，她的工作经历不算特别复杂，基本上围绕着幼儿园老师领域。但是，通过回顾自己所有的经历，竟然发现其实挺丰富的：

（1）小学老师：对留守儿童的感受与洞察；

（2）销售：促销电器，卖菜，了解各个层次人的想法；

（3）卖化妆品：真实沟通的重要性；

（4）租车客服：沟通能力；

（5）幼儿园生活老师/配班老师：

孩子的问题，生活自理能力的缺乏；

家长放养之下造成的孩子能力的缺失；

教育的随波逐流，缺乏理念；

界限规则的缺失；

（6）家园共育：家庭教育中父母参与的重要性；

（7）漫步大自然：绿色教育，阅读自然。

后来，她转型成为一名家庭教育指导师，她思想领导力中的每一条对于塑造她的个人品牌都起到了举足轻重的作用。

发掘领域练习

在知名的职业规划书《你的降落伞是什么颜色》里，作者理查德·尼尔森·鲍利斯就将一个人喜欢拥有的特殊知识和兴趣作为自我盘点的重要部分。他提供了三个练习来帮助一个人发掘自己的领域：

一是从以前的工作中了解了什么，包括做过的所有工作，从每份工作中学到了什么，等等。

二是工作之外，你了解了什么，这一部分包括兴趣爱好与参加研讨会、论坛等所学习到的知识。我们都熟知乔布斯的故事，他在书法课中所学习到的内容，竟然可以应用在多年之后的创业中，成为苹果字体灵感的来源。我的一位朋友，特别热爱跑马拉松与运动，工作之外的兴趣成为她个人品牌的独特标签，她也因此收获了许多拥趸。

三是任何感兴趣的领域、职业。放开思维，可以是任何天马行空的想法。作者还建议可以去求职网站，比如智联招聘上，看看各种行业和职业的分类，然后勾选出自己感兴趣、希望进一步探索的那些领域。

列出所有的领域后，将其分类到以下区域：

专业度	3. 热情低，但很专业的领域	1. 热情高，并且有专长的领域
	4. 热情低，也不擅长的领域 No	2. 热情高，但不擅长的领域
	热情	

图表摘自《你的降落伞是什么颜色》

通过这样的分类，你就能找到自己的领域。

知识树

知识树也是用来挖掘自己知识储备的一个好方法，在纸

上或者笔记本上画一棵大苹果树,然后在每一个果子上写下你的擅长领域。比如,恰恰姐的知识树是这样的:

笔者的知识树

你的知识树上会结出哪些果子呢?

5I 思想领导力挖掘法

我从过往的自我成长教练经历中也自创了一个用来挖掘思想领导力的 5I 方法,5I 是 5 个英文字母的缩写。

(1) Industry(行业):你过往从事过的任何行业。

即使你从事的行业时间再短暂,你的这段经历再失败,身处其中,或多或少它都会让你有一些浸润,对你产生一些影响。那么,把这些浸润与影响都一一写下来。在我的学员身上,当我一步一步引导她们去回想自己曾经做过的事、从事过的行业时,她们能够写出一大堆。在那个时刻,她们也往往会惊讶于自己人生曾经的丰富,原来自己曾经做过那么多事!

(2) Insights(洞察):你对人对事的所有洞察。

一个人的人生经历,总会带来他对人对事的一些看法与观点,这与成长经历有关,与其个人背景也分不开。把所有这些洞察都写下来,它们都能成为你的思想领导力。比如我的一位学员,因为自己年幼时的留守儿童经历,收获了长大后成为一名家庭教育指导师的信念与灵感。比如这几年在网络上横空出世的新商业架构师张琦老师,她金句频出,观点鲜明,而大部分的观点都与她对人对事的洞察分不开。

(3) Innovation(创新):对任何领域曾经拥有的创新想法。

我们在自己的职场经历或者生活中曾经拥有的任何创新想法都可以成为思想领导力。我曾经在给一位学员梳理的过程中,发现她在生活中特别喜欢优化创新一些流程,比如创新菜单等。后来的确也发现,她是一个对生活方式特别有感觉的人,她也认为自己可以在生活方式层面有一些精进与突破。

(4) Ideas(灵感):人生中的所有灵感,灵机一动的想法,一定要记得写下来。它也许可以成为你人生中丰富的宝藏。

(5) Interest(兴趣爱好):你有什么兴趣爱好吗?你对这些事物的热爱肯定会让你具备他人所不具备的信息差。不妨把这些都写下来,相信我,你的人生会更丰富多彩,你的思想也能更加深邃丰满,你的个人品牌也能更加立体有影响力!

比如,知名管理咨询专家刘润老师,曾经在他的公众号写过一篇阅读量过 10 万的爆文《我也曾经对这种力量一无所知》。这篇文章与他的专业领域商业洞察无关,而是关乎八竿子打不着的"吃"。他从小龙虾开始讲起,聊到刀鱼怎么吃,讲到中国各地的美食。最后点题:真正专业的力量,是外行无法理解的。每件事,都可以做到极致。极致的力量,你难以想象。

精选留言中,有人自叹不如:还是要多看书,多积累,多感受,才能写出这么有层次,这么色香味俱全的内容。还有人感叹:这篇文章,把我常年的鼻塞都治好了,看完瞬间呼吸深长通畅。我一位做自媒体的朋友,在转发这篇文章时加的点评是:内容拥有者,一旦掌握了新媒体的输出方法,无敌!

我相信通过这篇文章,原本只是在咨询圈小有名气的刘润老师获得了很大的破圈,而他破圈的着手点就是通过自己的兴趣爱好——美食。

千万别忽略了,你所拥有的这些知识,你所喜欢的所有领域,这些都是"你是谁"的重要组成部分,有一天,他们会在你的生命中大放异彩!

▶ 思考时刻

1. 画出你的知识树。
2. 梳理一下你的5I领导力,再从梳理出的这些点中选出你打算聚焦的领域。

四、目标：你想要的到底是什么

若人不知道要抵达哪个港口，吹向哪个方向的风都不会是顺风。

——塞内卡

对于我们大部分人来说，最大的危险不是目标定得太高错过了，而是目标定得太低达成了。

——米开朗基罗

当我与那么多人有过深入的对话之后，我发现对于一个人的成长和成功非常重要的一点就是知道自己要什么，用更精确更书面的话来说，就是有清晰的目标，而且忠于自己的目标。

你是哪一种目标者？

在畅销书《目标感》中，作者根据一个人目标感的强弱，将人分成四种：

第一种是疏离者，也就是浑浑噩噩生活，没什么目标的人。

第二种是空想者，有想要达成的目标与境界，但始终处于空想状态，也没有为这个目标付出过什么行动。

第三种是浅尝辄止者，有目标，也有一定的行动，但却仅局限于目标对于自己的现实利益。

第四种是目标明确者,有自己清晰的目标,而且找到了自己的目标与世界之间的连接,找到了自己人生的意义。

你属于哪一种?

我发现身边的人,以第二、第三种居多。第二种空想者的问题,可能在于没有明确的目标。当目标不明确时,一个人很容易疲惫、灰心、坚持不下去,从而向现实妥协。第三种浅尝辄止者,则没有看到目标层面更为广阔的格局,对于为什么要达成目标并不明晰。

清晰目标的 WHY

有的时候知道自己目标的"为什么"比清晰自己目标的"是什么"更为重要,因为"为什么"可以让我们把一件特定琐碎的事情,与一个更大、更具意义的目标联系在一起。

比如摩拜单车的创始人胡玮炜,她的经历就很让人深思。在投入摩拜共享单车的创业之前,胡玮炜是一名媒体人,她的第一份工作是《每日经济新闻》的汽车版块记者。

刚开始的时候,她每月的工资只有几千元,就这样过了好几年。但胡玮炜的厉害之处就在于她坚持了下来,而且一直沿着这个领域,积累人脉,积累经验,最后成就了一番事业。

一次偶然的经历,让胡玮炜有了做共享单车的想法。因为平时工作的交集,她刚好认识在汽车行业享有很高知名度的易车网和蔚来汽车的创始人李斌,就和李斌分享了自己的创业想法。李斌欣然入局,给这个项目起名为摩拜,并提供了启动资金。

我想，也正是因为胡玮炜多年在汽车行业的浸润，让她的摩拜单车项目异军突起，一段时间里与小黄车并驾齐驱，风头无两。后来，胡玮炜选择将摩拜单车项目出售给美团，收获了15亿元的套现。

2018年5月，她入选《福布斯》杂志亚洲"25位亚洲新锐女性榜"。

所以，胡玮炜的成功一部分就源于她看到了为什么（why），"为什么"导向了她对于自己目标的忠诚。

比如，我非常喜欢的学习社区"得到"，其实创始人罗振宇在刚开始的时候，曾经尝试做过许多很有意思的社群实践。印象很深刻的是，当时他们社区会提供会员福利，组织会员吃"霸王餐"等，但这类活动到了后来就被大刀阔斧地砍掉了，我想可能是因为这与罗振宇最初心目中的目标和愿景不一致。

记得他曾经分享过自己最大的目标就是坐着听人讲课，不仅自己听，而且拉着朋友一起听，所以他重视的是学习，而不是娱乐。因此，今天得到也成为做得非常精彩的一个学习社区，集合了国内数一数二的拥有一定声誉与实力的导师。

你的目标的"why"是什么呢？

目标的误区：能力与欲望

自媒体大咖张辉老师曾经在《目标力》一文中提到两个典型的误区：能力与欲望。

很多人会将目标局限于能力大小范围内，从而根据现有的条件与所谓的可行性来确定目标。而这一点正是普通人与牛人之间的显著差别。

普通人看到自己所限,牛人看到自己所有。

自媒体大咖秋叶大叔说:"普通人是依据自身能力高低来思考,哪些目标是自己可以搞定的;牛人是依据工作要求判断自己需要努力到什么程度,才能搞定目标。"

在面对一个目标,站在同一条起跑线上时,其实大家之间差距不大。但是有人掂量着自己可能不行,就会错过一个机会,而有人相信自己可以,就踮着脚够到了这个机会,后续的结果天差地别。

一个人身上最无法想象的,就是潜能。人生在世几十年的时间,可以非常波澜壮阔,可以非常气象万千,这就取决于你的选择与目标。

胸怀大志才能大展宏图!

但在确定目标时,切忌与欲望相混淆。比如,穿戴奢侈品,住大房、开豪车很多时候只是欲望,而非目标。

我非常喜欢的演员张静初,在40多岁的年纪追梦成功,考上了美国电影学院(AFI)导演系,看到这个消息的时候,我深深地为她高兴。大洋彼岸的她曾经直播自己的学习生活,有时一坐就是好几个小时。这就是鼓舞人心的追逐目标成功的时刻!

同在演艺圈,个别演员利用所谓的潜规则上位,希望能够借此实现自己的演艺梦,这种实现目标的方式就属于欲望了。而他们追逐欲望的结果,往往是以失败告终。

欲望是急功近利的,目标是脚踏实地的,希望你拥有的是目标而非欲望。

目标的优先级

一个人之所以不清楚自己到底要的是什么,是因为想要的太多,但又不明确自己的优先级。所以,面对目标,少就是好。尤其在制定新年目标的时候,我建议大家宁愿只设一个最为重要的目标,也不要一下子给自己很多目标。太多目标,会分散我们的精力,可能导致一个目标都完成不了。

比如2021年那一年,我给自己设立的目标是利用一年的时间写完一本书。因为那一年我非常明确自己的目标就是这个,所以当年就完成了大部分书稿的创作,非常有成就感。

所以现在,每一年我都不会给自己制定太多的重要目标,一到两个足矣。你也可以试试看哦!

五、时间管理:你的生命管理

> 也许大海给贝壳下的定义是珍珠,也许时间给煤炭下的定义是钻石。
>
> ——纪伯伦
>
> 时间以同样的方式流经每个人,而每个人却以不同的方式度过时间。
>
> ——川端康成

你的时间,就是你的生命!所以,认知自己的时间现状,做好时间管理,也是自我认知非常重要的一部分。

时间管理倒金字塔模型

讲到时间管理，我特别想带着你一起来回顾一下经典电影《盗梦空间》。相信凡是看过这部影片的，印象最深的会是影片里的那五层梦境，梦中梦。最深的梦境里面包含着一个人最深处的潜意识。最为奇妙的是，每进入一层梦境，时间就会以20倍速递增。假设第一层梦境是10秒钟，第二层梦境就是3—4分钟，第三层梦境是约1个小时，第四层梦境就差不多是一天了。现实中的十个小时，在第一层梦境中约为一周的时间，第二层约为半年，第三层约为十年。

是不是很奇妙？每递进一层，时间是以倒金字塔形状递增的。

这某种程度上就像一个人的时间管理。每个人一天所拥有的时间客观上都是24小时，但为什么人与人之间在取得的成就上差别会那么大呢？因为大部分人忽略了时间的立体与将来维度。他们对时间的认识是扁平的：

一是局限于现在式，很少有人可以着眼于将来。

二是会局限于"完成事项"的角度，而非"设计未来"的角度。

而当一个人可以在时间的管理上做到立体与将来的时候，就可以最大限度地焕发出自己的时间效用，达成倒金字塔式的奇妙！

时间管理，是一个人自我觉醒认知非常重要的部分。时间就是你的生命，你的时间花在哪里，你的生命就会呈现怎样的状态。尤其一部分已经为人母的女性，我发现她们内心深处或多或少都拥有自己的梦想,但阻碍她们去活出心之所往的不是其他,正是时间管理上的缺乏。

印象很深的是,2020年初我们在上海举办了一场知名婚姻亲子专家蒋佩蓉老师的线下活动。蒋老师本人是长期居住在国外的,所以这样的一场线下活动非常难得。她在上海的一些粉丝很想参加,但是主办方为了保持现场的安静有序,禁止大家带孩子来参与,所以个别粉丝就此错过了这个机会。

从个人的角度出发,我觉得这样的错失特别可惜。因为如果真的想要参加,无论如何都可以找到方法安排一下孩子。如果连两三个小时都无法脱身,试问作为一个母亲又怎么可能在有孩子牵绊的同时做好自己,实现自己母亲角色之外的梦想呢?

在我的时间管理工具卡中,有一个时间管理的倒金字塔模型,底层是今日事今日毕,顶层是意义思维。

每上升一个层次,时间管理效率就可以提高很多倍;完成的事情,所实现的影响力,也能够成倍增长。

彼得·德鲁克曾说:"世界上最没用的事情,就是高效地完成多余的任务。"如果局限于"完成",很多时候人的状态宛如一头围着石磨转圈的驴,只能让自己陷于一种"忙盲茫"的境界。整天觉得非常忙,但一年到头,没有看到自己有多大的成长,也不记得自己到底成就了些什么。

只有让自己从"完成"的"今日事今日毕"的境界进入更高的境界,才有可能实现时间的高效应用,发挥人生更大的潜力。而进入更高境界的两个关键词是"自我认知"和"设计"。

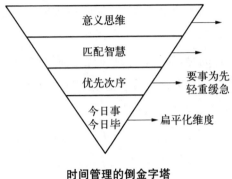

时间管理的倒金字塔

城市、国家需要设计,人生更是如此。曾经非常流行的设计思维中,最震撼我的一点是:设计需要美学,而美学与人类情感相关,"当设计思维和设计者的情感相关联时,它就会成为最佳的问题解决工具"。

人生的设计也必须从自己的情感出发,回答一个最底层的问题:我如何可以更快乐?这个问题的回答基于一个人对自己的清晰认知。

一个好的人生设计也需要回答一个关键问题:我如何可以更高效,可以以终为始,在有限的时间里最大限度发挥自己的潜力?这需要你将获得的认知与倒金字塔的四大层级进行结合并做出梳理。

奥地利心理学家维克多·弗兰克在《活出生命的意义》一书中曾经说:"成功如同幸福,不是追求就能得到;它必须因缘际会……是一个人全心全意投入并把自己置之度外时,意外获得的副产品。"

所以,人生设计就是一场智慧的匹配,找到那个能够令自己全心投入的事物,在尝试与选择中不断到达人生的巅峰。

目标与时间管理

现代社会,很多人会生的一种病就是"忙"病,忙忙忙,但却不知道自己到底在忙什么,也不知道自己这么忙,最终带来了什么成果。因此很多人渴望做好时间管理,包括恰恰姐也有时间管理的课程。当我每次去更新时间管理课程时,最大的感触是,时间管理最重要的就是目标管理。

比起一些时间管理的工具,更为重要的是,清晰自己的目标。知道了自己的大方向,我们就不会在小事情上浪费时间。

前段时间,看到一段韩国影星全智贤的采访,我很有感触:"要很了解自己,知道自己做什么是好的,做什么是坏的。不要在没必要的行动中浪费时间,生活质量才会提高,我这个主体也会变得清晰。要在日常生活中找到珍视自己的状态,把这些'珍视自己'的事一件件积累起来。"

一个对自己的生命有把握的人,不一定是每天忙忙碌碌的,也并不一定在所有事上都是顺顺利利的,但却一定是主动而为,有积极心态,有人生优先级的。

六、意义与愿景:超越自我,链接世界的关键

明天,明天,再一个明天,
一天接着一天地蹑步前进,
直到最后一秒钟的时间;

> 我们所有的昨天，
> 不过替傻子们照亮了到死亡的土壤中的路。
>
> 熄灭了吧，熄灭了吧，短促的烛光！
> 人生不过是一个行走的影子，
> 一个在舞台上指手画脚的拙劣的伶人，
> 登场片刻，就在无声无息中悄然退下，
> 它是一个愚人所讲的故事，
> 充满着喧哗和骚动，
> 却找不到一点意义。
>
> ——莎士比亚《麦克白》

在戏剧泰斗莎翁的眼里，没有意义的人生与愚人无异。

如何找到生命的意义？

清华大学心理系教授彭凯平在区分快乐和幸福时，认为幸福是有意义的快乐。

积极心理学之父马丁·塞利格曼认为，意义是某样你认为超越自我的东西，并可以为之奋斗。因此，他对幸福的定义中，自始至终都将意义的追求作为实现幸福的重要元素。幸福1.0版本里，他认为意义与积极的情绪、投入一起，带来了人生的满意与幸福。幸福2.0版本里，他提出幸福大厦的基石，是积极情绪、投入、意义、成就与人际关系。这些元素结合在一起，可以给一个人带来蓬勃的人生。

现代心理学家维克多·弗兰克尔在他的畅销书《活出生

命的意义》中,也提到了找寻生命意义的重要性。在此基础上,他创立了心理学上的"意义疗法",帮助治疗患者的心灵创伤。

令人无法想象的是,在他巨大成就的背后,是纳粹时期一段艰难的集中营经历。作为犹太人,二战期间,他的全家都进了纳粹德国的集中营。最后除了他和妹妹,其他人都死于集中营的毒气室中。在这样的艰难下,支撑他活下来的,正是对意义的追寻与尝试。

他认为,"生命对每个人都提出了问题,他必须通过对自己生命的理解来回答生命的提问。每个人都有自己独特的使命。这个使命是他人无法替代的,并且你的生命也不可能重来一次"。

找不到生命的意义,是当代人面临很大的挑战。

这几年在帮助许多女性找到人生意义的过程中,我认为意义与两个词的关系密切,一是热爱,二是愿景。

意义与热爱

"世界上,只有一种英雄主义,就是在认清生活的本质后,依然热爱生活。"

这是法国文学家罗曼·罗兰在《米开朗基罗传》中写下的一句话,精确地概括了这位艺术大师的一生。米开朗基罗一生追求艺术的完美,他热爱生活的背后不是其他,正是看见了自身的意义。

我们之所以喜欢某些文学或者影视人物,正是因为他们的一生都在追寻某种超乎自我的东西。

比如简·爱,她虽然生活在一个肉体不平等的时代,却在内心深处追寻灵魂的平等。她的这份坚韧给人们展现了女性面对爱情的典范。

比如《肖申克的救赎》中的男主角安迪,他之所以以身试险,坚持不懈地尝试越狱,就因为他追寻的是人生的自由。

所以一个有意义的人生,是一个不断追寻自己挚爱的人生。但我经常发现,很多人不知道自己热爱的是什么。工作只是一个谋生的手段,别说热爱了,连喜欢都算不上。想做点自己喜欢的事情,又发现因为得不到经济回报而坚持不下去。所以,生活越来越无意义,人生越来越枯燥。

意义与愿景

有意义的人生,也是一个更具备标杆的人生,可以看清愿景的人生。

愿景的英文是 vision,这个词也可以表示"视力,眼力"。因此,愿景就是你可以看得到的将来。只有看得见的将来,才有可能实现。

如果说优势是让领导力持续燃烧的燃料,愿景就是一个可以让我们的领导力生发的场。

我很喜欢的领导力定义来自领导力领域的权威詹姆斯·库泽斯和巴里·波斯纳:领导力是寻找和集合有共同梦想的人群策群力共赴愿景的艺术。

虽然我们是个人,并不是企业,但愿景同样也很重要。愿景可以帮助我们对抗无助，帮助我们活出幸福满足的生活，帮助我们活出意义。国外一些领导力学者的研究发现，女性在职场上之所以很多时候落后于男性，一个很大的原因，就在于女性缺乏愿景。

一个优秀的创业者除了需要有卓越的现实能力，也需要会"画大饼"。其实有时候，"画大饼"并不是骗人，而是用美好的愿景来激励他人。尤其是90后、00后，需要被尊重，需要有参与感，喜欢被带着一起玩，更需要愿景的建立。

所以，通过问自己四个问题来看看自己内心深处的愿景可以呈现什么样的状态？

（1）你喜欢做的是什么？

（2）你的优势，你特别擅长的是什么？

（3）你特别关注、想服务的人群是什么？

（4）这世界的需要又是什么？

这四者结合起来，就明晰了弗兰克尔所说的生命对每个人提出的问题，那就是意义的根本。

我一直认为，领导力是艺术，不是技术。艺术是什么，艺术是讲究独特性的。比如在音乐的表达中，最重要的是表现出自我。这种感悟与我们每个人的人生经历相关，具备独特性。而我们每个人拥有愿景的背后，正是过往的经历与人生感悟。

领导力，是一种共同达成愿景的艺术。所以很多时候，你缺的不是领导力，而是愿景！

七、认知与思维模式：什么决定了一个人的最终格局

> 人类的大脑一旦因为新想法而得到扩展，就再也不会回到原来的层面。
>
> ——奥利弗·温德尔·霍姆兹

在人生的选择中，认知为什么重要？因为认知引领了我们大多数时候的选择，而人生，就是由一个一个选择所构成的。

猎豹CEO傅盛说：认知，几乎是人和人之间唯一的本质差别。技能的差别是可量化的，技能的累加，造就的是熟练工。而认知的差别是本质的，是不可量化的。

互联网运营人陈左东说："认知决定思维，思维决定行为，行为决定结果。"

因此，提升认知，提升思维，可以决定每个人最终的格局与结果。

我在亚洲协会香港中心工作时，协会的某场年度晚宴曾经邀请了著名的经济学家、北京大学教授林毅夫先生。

知晓林毅夫先生的经历之后，真的为他拍手叫绝。

1979年的一个夜晚，身为台湾驻守金门的一名连长，他毅然泅过海峡，从台湾来到了大陆。他舍在身后的除了自己的妻儿，还有在台湾的前途。

要知道那是在1979年，大陆仍然百废待兴，但却是一个

渐露曙光的时代。若不是有着超人的眼光与勇气,绝不可能有此壮举。

如今,他身为北京大学中国经济研究中心主任,同时也是一位享誉世界的经济学家。令人佩服的除了他的理论成就,还有背后的非凡眼光与勇气。

认知重构

一个人所拥有的认知,与他所处的文化环境、家庭背景、成长经历、媒体影响等都有关。比如,一个出身于重男轻女家庭的女性,可能会内心自卑,觉得自己没有价值,这就是她的认知。而一个出身于更为开放的环境中的人,则会秉持着人人平等,不管男女都可以很优秀的理念。

一个人持有的认知并不是一成不变,而是可以被重构的。

潜能大师安东尼·罗宾认为:"世界上一切事物和事件都没有任何固定含义。所谓的事物的意义、我们应如何处理某些事情,均取决于我们自身的认知",而"改变个人最有效的手段之一,就是要懂得如何重构自己的经历"。

罗宾提出了认知重构的两种类型:情境重构和转意式重构。情境重构是将过去发生的不愉快的经历,放置于不同的情境中。比如,丑小鸭在小鸡小鸭们的环境中,被认为是一个"异类",丑陋的存在。它处处受打击与鄙视,却在最终的结局里,发现自己是一只美丽的天鹅。

转意式重构是为"现有的情况赋予新的意义"。比如,爱迪生在发明灯泡之前,经历了许多次失败。普通人会被失败打击，从而丧失信心。但他却将这些失败理解为迈向成功的必经之路。

我看到自媒体大咖张辉老师多次在文章中提到自己在35岁左右经历了一次人生的焦虑，但在他的意义版图中，他将那次焦虑看作自己自我认知的起点。

安东尼·罗宾说："任何经历都蕴含着多重意义，对你而言，就是你自身所赋予的意义。成功的一个要诀便是为任一经历创立一个最有用的架构，使之为你成事而非败事服务。"

非常重要的一点是，我们要尽量培养自己积极、乐观、奋进的认知，即扩张性的认知，而非消极悲观的认知，即那些限制性的认知。

以下几种思维是我认为特别需要培养的积极性认知思维，它们对于一个人的成长有着举足轻重的意义。

成长性思维 vs 固定性思维

成长性思维由斯坦福大学著名心理学教授卡罗尔·德韦克在《终身成长》一书中提出。一经提出，便风靡全球，成为个人成长、教育领域的经典。

成长性思维对应固定性思维。后者认为自己的能力和智力是一成不变的，很多事情没法改变。而前者认为所有的事情都可以努力，这个世界充满了那些帮助我们成长、学习的有趣挑战，相信自己可以变得更好。

成长性思维的人相比固定性思维的人更能弹性地面对挫折，更容易从失败中学习成长，更喜欢探索新事物，接受挑战，因此也更容易成功。

在这里我想给大家引用我儿子一年级时,他们的外籍班主任老师写给孩子及家长的一封成长思维信,写得很好很用心,在这里,我把信翻译成中文。

> 成长性思维是由一位名叫卡罗尔·德韦克的学者提出的理念,它让孩子们认识到不断地去尝试挑战新事物的价值。通过培养成长性思维,孩子们会学习到,如果一件事情刚开始尝试时有点难,或者结果并没有预想中那么好,那么就把它当成一个学习的机会,去训练自己的脑子。我们希望可以改变他们谈论自己的方式,从"我没办法做到这件事"到"我还没能够做这件事,但我在不断地尝试"。
>
> 成长性思维讲到了语言的重要性和力量。我们的目标是让孩子们认识到有一些事情对于所有的人都是难的。为了攻克艰难,你需要不断尝试,不要放弃。因为孩子们付出的努力赞扬他们,对一个孩子说:我看到你在这件事上好努力,而不是"你好聪明",教会孩子们去重视努力与付出。
>
> 把学习当成一段旅程。如果孩子们得到一个比他们预想要差的成绩,我们会强调还有空间可以成长,而不是把成绩看成一种失败。在成长性思维中,学生们可以从他人的错误分享中受益。当把挣扎当成一种积极的力量,孩子们能够学会更加愿意承担风险,接受错误,并且

把这些都当成要经历的学习过程。

希望你在家里也能够鼓励这种思维沟通模式,这可以帮助巩固他们在学校里学习到的内容。

复利思维

复利思维最早由"股神"巴菲特提出。他认为,人生就像滚雪球,最重要的是要有足够湿的雪与足够长的坡。因此,复利思维最初更多的是被应用在金融投资和理财中,但它在自我成长领域也同样适用。

足够湿的雪,可以代表在某一领域的投入,足够长的坡可以代表时间,如果同时可以做到这两者,在长期的积累下,一个人在某一个领域可以收获巨大的成果。比如,每天看30分钟的书以积累智慧与知识,长期下来功力不可估量;每天写500字,长此以往可以写出一本书;每天锻炼15分钟,对身体健康有着积极的影响。

看起来微不足道的一份投入,在时间这个变量的积累下,可以给人生带来巨大的影响。这就是复利思维的魔力。

这么多年,我一直都在实践坚持写作这件事,虽然说写作并没有给我带来大富大贵,但是我非常感恩写作让更多认同我理念的人一直不断地在看到我。在打造个人品牌的这条路上,如果有一件事是最重要的,那我会毫不犹豫地选择写作。

反脆弱思维

刚刚过去的几年,是一个因为各种世界性问题大爆发与区域战争而充满了不确定性与脆弱的年份。而这个时代最伟大的思想者之一,纳西姆·尼古拉斯·塔勒布在2014年出版的《反脆弱》一书的副标题,正是——从不确定中受益。

在塔勒布的概念中,脆弱的反义词不是坚强,而是反脆弱:"风会熄灭蜡烛,却能使火越烧越旺。"他主张,对于不确定事件,我们要学会利用它们,而不是躲避。一切事物都会从变化波动中获得收益或遭受损失,事物的发展从来都是非线性的。所以,反脆弱就是伴随压力而进化,让自己变得更强大,从风险和不确定性中受益成长。反脆弱就是从压力中生发新的生命,从打击中强化韧性,这正是最为值得羡慕的人生境界。

笛卡尔思维

法国哲学家、数学家笛卡尔有一句名言:我思故我在。这句话反映了他的求知若渴与批判性思维。所以,笛卡尔思维,也是一种注重思考和理性认知的思维。

注重思考永远是我们最大的财富。乔布斯说,求知若渴,求知若愚(Stay hungry, stay foolish)。股神巴菲特说,我唯一知道的事情,就是我什么都不知道。知名科幻作家、《三体》的作者刘慈欣说,弱小和无知不是生存的障碍,傲慢才是。

保持谦虚,不断思考,才能让我们不断前行。

前两天,我阅读了一篇文章,谈到如何赚钱,我觉得很有借鉴意义。不同于以往读到的那些成功学文章,此文里作者认为赚钱的秘密其实就在于钻研。可惜的是,大部分人,其实都是在战术上勤奋,而在战略上懒惰。所谓后者,就是懒得动脑，懒得去思考清楚一些对人生至关重要的问题。

逆向思维

国人从小耳熟能详的故事《司马光砸缸》就是一个逆向思维的绝佳例子。小伙伴掉进了大缸里，紧急情况下，司马光不是喊人求救，而是拿起一块石头把缸砸破，让水流出。亚马逊创始人贝佐斯也是一个逆向思维的代表。他经常会被问到"在接下去的10年里，会有什么样的变化"，但他却会反问"在接下去的10年里，有什么是不变的？"他认为第二个问题更加重要，一个好的战略是建立在不变的事物上的。

逆向思维，也是一种翻转思维，是一种将问题与挑战转变为机会与成长的艺术。它"不仅可以解决现有的问题，而且还可以打开全新的可能性"。

所以有时，与其思考一年后自己想实现什么目标，不如思考10年后、20年后你想成为什么样子的人，再倒推回来思考现在应该怎么做。

八、信念：什么在给你的人生托底

> 任何想象鲜活的、热烈渴望的、真诚相信的并热切付诸行动的事……必然会实现！
>
> ——乔治·辛

相比于思维，信念是一种更为坚定不移的认知，是内心所持有的固有观念。它是对某人或某事信任、有信心或信赖的一种思想状态;是情感、认知和意志的有机统一体;是人们在一定的认知基础上确立的对某种思想或事物坚信不疑并身体力行的态度。

当然信念其实与认知思维之间有一定的重合性,但思维与认知可以更为经常性地转变,信念不会。有些人的信念甚至坚定不移到连生命都可以付出,这就成为信仰。

无怪乎,匈牙利诗人裴多菲的诗《自由与爱情》可以如此脍炙人口,被人颂扬至今,这首诗正是体现了信念的力量:

> 生命诚可贵,
> 爱情价更高。
> 若为自由故,
> 二者皆可抛。

诗人的一生,也正是身体力行着信念的一生。

裴多菲勇于追求爱情,曾经写出脍炙人口的《致尤丽娅》《我是一个怀有爱情的人》《你爱的是春天》等炽热情诗。他的诗歌,深深感动了贵族女孩尤丽娅,激励她冲破家庭的桎梏,同裴多菲走进了婚姻的殿堂。但是,在诗人 26 岁的时候,面对匈牙利的民族危机,裴多菲毅然选择了"自由",并在与俄奥联军的浴血奋战中,献出了他年轻的生命。

虽然在当今这个和平时代,不一定需要一个人为了信念献身,但是信念在一个人的一生中仍然起着重要作用。

互联网大咖"和菜头"老师,曾经在"得到"的一篇文章里如此评价信仰:"你选择了怎样的信仰,决定了你会如何度过一生。"

很多人往往会将信仰与现实对立,认为信仰太过于虚无。但和菜头老师说:"凝视现实是一件相当吃力的事情,人们觉得一切都好不过是因为太过忙碌而没有足够的时间去凝视。但总归会有那样的时刻,人会在凝视现实的时候感觉空无一物,不知道自己忙忙碌碌究竟是为了什么。……有了信仰,人生就有了个托底,不会在空虚和无聊中不断往下落,这样的生命反而是坚实的。"

信念的五个来源

那一个人的信念又是怎么形成的呢?知名的励志演讲家与畅销书作家安东尼·罗宾所提到的信念五大来源很有启发。

一是环境。人是环境的产物。这里所说的环境,既包括宏观的环境,也包括微观的环境。你可以把环境理解成文化,比如在中国文化下成长的人和在美国文化下成长的人非常不一样。你也可以把环境理解成区域,如社区、家庭等。

人是环境的产物,但并不是环境的奴隶。一方面我们要认识、尊重环境,另外一方面还是需要有逆环境而上的勇气。

比如美国的媒体女王奥普拉·温弗瑞,虽然出生成长于贫困的黑人家庭,却因为一档《奥普拉脱口秀》,最终成为极负盛名的媒体女王。

比如获得诺贝尔和平奖的马拉拉。虽然成长于塔利班统治下的巴基斯坦，却顽强地与命运抗争，最终因为"为受剥削的儿童及年轻人、为所有孩子的受教育权利抗争"，获得2014年度的诺奖，并成为诺奖历史上最年轻的得主。

那都是因为，他们身上有着坚定如石的信念，让他们得以逆风翻盘，成就人生。

二是人生大事与经历。人生中发生的一些事件可以极大地扭转一个人对事物的看法。

比如，在我小时候，一位亲戚因遭遇了一场意外而离世，从而引发了家族中的一些变故。从此我深信人生无常。因此在生活中，我特别关注安全这一点。当面对安全问题的时候，我特别容易管理不好自己的情绪。

比如，我们的父母辈，因为在年轻时经历过生活的动荡与贫苦，他们特别关注稳定这一点，有一份稳定的工作在他们心目中是特别重要的。

热播剧《叛逆者》在讲到人的信念转变这个问题的时候，刻画得十分细致，给人启发。朱一龙饰演的主角林南笙是如何一步步成为共产党员的，这和他经历过的事件分不开。

他经历了自己本来最信任的陈站长的背叛，他经历了最好的朋友的牺牲，他经历了和女朋友朱怡贞在那个动荡时代的分分合合。这些经历都影响了他的选择，对他最后成为一名共产党员起到了推波助澜的作用。

三是知识。知识就是力量。的确，当一个人被知识赋能的时候，一些限制性的思维就能被打破。知识能够扩张一个人的信念。

在传播学上,有一个著名的"知识鸿沟"理论(knowledge gap),由美国的传播学家蒂奇纳所提出。"由于社会经济地位高者通常能比社会经济地位低者更快地获得信息,因此,大众媒介传送的信息越多,这两者之间的知识鸿沟也就越有扩大的趋势。"

因此,我们需要让自己成为一名终身学习者,不断地让自己的身边围绕着良师益友。让知识陪伴自己不断地跨越舒适区,走出自己的世界。但也要留意不要陷于"知识的诅咒"。美国心理学家伊丽莎白·牛顿曾经在斯坦福大学做过一项研究。她招募了许多人来参与一个游戏,游戏中有两种角色,"敲击者"和"听众"。

敲击者从 25 首歌中挑选出一首,通过敲击桌子的方式敲给"听众"听。这 25 首全部是大家耳熟能详的歌曲,比如《祝你生日快乐》《星条旗进行曲》等。看上去很简单,但结果能够猜对歌曲的人非常少。这是因为敲击者的脑子里已经有了歌曲的旋律,而听者只听到敲击者叩击桌面的声音,没有旋律框架,因此觉得很难。

这就是"知识的诅咒"。

在我的沟通课中,曾经提到过,任何沟通,都是两个世界之间的对垒。因为双方的背景和知识框架,可能存在着非常多的差异,这种差异很多时候是会被沟通双方所忽视的。

所以,要让知识武装我们的成长,但同时,也别让现有知识绑架了我们的成长。

四是过去的结果。过去的成功或者失败会给我们带来某些信念，但是过去的结果并不等同于将来的结果。我们需要从过去的成功中总结经验，但也不能被过去的成功所限。时代在不断地变化中。因此，也特别需要一个人不断地与时俱进。

在以色列历史上，有一个人物的经历非常值得我们思考，他就是以色列进入王国时代的第一位王——扫罗。扫罗刚开始因为在与腓利士人战斗中的杰出表现，因为他的勇猛与谦卑，被以色列人推举为王。但是后来成为王之后，却日渐暴躁多疑，多次追杀得力助手大卫，后来同样死于与腓利士人的战斗中。真的是成也萧何，败也萧何。

美国知名领导力教练马歇尔·古德史密斯写过一本很精彩的书《习惯力》，这本书的副标题是：我们因何失败，我们如何成功。作者在书中探讨了领导者身上存在的一些"习惯"，它们可能是之前成功路上的助推剂，但在许多领导者希望更上一层楼的时候，却成为阻碍他们成功的"致命陷阱"。

五是未来的愿景。你脑子中对未来的想象，会影响你的信念。无论如何，要给自己想象一个丰盛的未来，要知道，你对未来的想象，可以驱动着自己不断前行，达成从现在到未来，从现实到梦想的跨越！

在我的直播中与大家聊到目标这个话题时，我的教练同学、人力资源团队教练和高管教练刘秀梅说的一句话让我很有启发。她提到，不断指引自己前行的，与其说是一个具体的目标，不如说是一个方向，一个想成为什么样的人的方向。这个"成为什么样的人",其实就是一个人对自己未来的愿景,其指引作用是很强大的。

自我认定

信念当中,最为重要的一部分是对自己的信念。相信自己是什么,可以成就什么,直接决定一个人的终局。

如果一个人认定自己是个失败者,那可能他在这种信念下所做出的一系列行为都会导向他的失败。而一个人觉得自己可以大展拳脚,发挥所能,那在这样的信念下带来的行为与结果是不可估量的。

我通过一段时间的个人品牌访谈,发现在某个领域最终有突出成就的人,都是因为他的坚持,将一个领域做到极致。而是否能够坚持下来,背后靠的是相信。相信自己最终能够在这一领域做到极致,相信自己可以实现影响力。

潜能大师安东尼·罗宾认为,我们能否做好一件事,能否做出成绩,事实上跟我们拥有的能力并无多大关系,真正起到作用的是我们对自身的观感。我们每个人都有无穷的潜力,只要我们能够改变自我认定,就能充分发挥出来。

自我认定既可以给一个人带来良性循环,也可以给人带来恶性循环。

因为不自信,所以不相信自己可以把想做的事情做好,因此也就没有行动;没有行动,也就越来越没有成功的结果,导致自己越来越没有自信,人生越来越没有底气。

而与此形成鲜明对比的,是带来自信之后的良性循环:

因为自信,相信自己可以把想做的事情做好,才会有行动;只有行动,才能带来成功,成功又可以让自己越来越自信,人生越来越有底气。

那么回到一个重要的问题,信念到底会变吗?

我认为一个人所持有的信念中,有一部分是需要与时俱进变化的,因为时代在改变。现代社会中,代际矛盾许多时候就来自两代人因为生活环境、经历的时代不一样而形成的不同信念。

安东尼·德梅洛在《意识:与大师对话》中说:"别人能帮助你的唯一办法,就是挑战你的固有观念。"因此,我觉得一个人最大的智慧,就是分辨而且坚守人生中那些不可变的信念,然后保持开放性,不断地拥抱变化,与时俱进。

第八章
如何认识自己·经历篇

一、人生关键事件与成长经历：你的故事，你的力量

> 人不仅要知道自己生命的坐标，更要知道自己生命的轨迹。
>
> ——佚名作家

每个人作为一个主体活出了自己的经历，同时也在被自己的经历所塑造。所以每个人千万不能忽视的自我认知元素，就是在成长过程中发生的关键事件，这正是我最喜欢的真诚领导力书籍《真北》一书的核心观点。

为了撰写《真北》这本书，筹备小组们采访了 125 位全球顶尖领袖，在研究了 3 000 多页采访记录之后，他们惊讶地发现：这些领导者并没有把自己的成功归因于某种性格特点、

技能或者风格。相反,他们认为自己的领导能力完全来自自己的人生经历,来自诠释自己的人生经历,释放自己的激情,发现自己作为一名领导者的意义。

一些虽曾遭遇艰难,但能把这些经历转化为自己人生财富的人,最终都可以成就卓著。

比如我们大家都很熟悉的美国媒体女王——奥普拉·温弗瑞。她所主持的脱口秀是美国历史上收视率最高的脱口秀节目。她热心公益,关注世界各地,尤其是非洲的女性权益,出品过不少这方面的优秀作品与项目。因为她的巨大成就,奥普拉获得第75届美国电影电视金球奖"终身成就奖"。

但是她的起点,却是在美国种族不平等时代,出生在南部的一个黑人。在年少时期,她曾经遭受过性侵犯,并在14岁产下一个早夭的孩子。她曾经成为问题少年,并被送去少年管教所。少年的经历,一直是她心中一段无法填补的痛。直到有一天,她在节目中与观众坦言了这段经历,并且希望以此激励像她一样曾经遭受痛苦的人。少年的经历,成为她的人生财富,让她在自己的职业生涯中,尤其关注女性和儿童权益,并因此成为一位独特的有影响力的女性。

同样从经历中收获人生激情的,还有星巴克的创始人霍华德·舒尔茨。当我们今天看到分布在大街小巷的星巴克时,也许很难想象,它的起点,是一段艰难的童年故事。

霍华德·舒尔茨的父亲是一名卡车司机。在一次工作时踩到一个冰块,跌伤了脚踝。他因此失去了工作,没有了医疗福利保障,家里也从此陷入经济困境。在霍华德·舒尔茨的印象中，父母经常会为了该向亲戚朋友借多少钱而争论。

因此，在霍华德·舒尔茨迈入职场之后，他梦想能够建立一家善待所有员工，为员工提供医疗福利保障的公司。所以星巴克是全美第一家为所有每周工作 20 小时以上的员工提供医疗保险的公司。无怪乎，你会很惊讶地看到，星巴克总能招到颜值高又敬业的年轻人，这与其独特的企业文化不无关系。而创始人霍华德童年的经历直接影响了星巴克的企业文化和价值观。

也许我们每个人都像《功夫熊猫》里的那只熊猫阿宝，本来过着平静的生活，突然有一天，受到了冒险的召唤，极不情愿地踏上了征途。他历经险阻，遇到导师和朋友，最终成就了另一个自己，胜利归来。

所以，我们需要不断地问自己这几个问题：

你的英雄之旅是什么，你的召唤又是什么？

什么造成了你的惧怕与脆弱？

什么是你的故事？

这几年，在我的教练经历中，我问过许多女性这些问题。她们当中，有因为目睹父母生病早逝，而投入健康行业的，有因为自己经历过"娜拉出走"这样的困境，从而希望可以帮助女性更好成长的。正如著有《她世界：女性自我成长之路》的美国职场领导力教练凯西·卡普里诺所主张的那样：Your Story，Your Power（你的故事，你的力量）。

聚焦于自己，你的世界会很狭小，聚焦于他人，一个人的世界可以很广阔。

这个问题也正是我今天写作这本书的起源。回顾我自己过去的经历,最能带来内心深处激情的,正是从自己不自知,不自信,一味跟着潮流走的状态,到现在知道自己想要什么,想成为什么的内心笃定,中间经历了很多的挣扎与觉察。

而我今天选择成为一名女性成长教练,也正与这段经历分不开。我希望可以用我所看到与经历的这一切,帮助更多的人活出一个更好的自己。

二、逆境:顺风顺水未必就是顺境

> 万物皆有缝隙,那是阳光照进来的地方。
> ——莱昂纳德·科恩

> 顺境也绝非没有恐惧和磨难,而逆境也并非没有慰藉和希望。
> ——培根

每个人都经历过,或者正在经历着逆境。身处逆境,也许你会意志消沉,也许你会奋起勃发,无论结果如何,正确地看待以及认知逆境,是一个人自我认知的重要部分。

词典中将"逆境"定义为"不顺利的境遇,在生活中遇到的困难与挫折"。有很多人所经历的逆境,也许并不是真正意义上的逆境,可能只是某些事情没有顺着一个人的心意。比如作为一个母亲,最窝心的事就是孩子不听话,这时候内心容易情绪爆发。比如 2022 年,孩子长时间上网课,当每天陷于孩子网课和买菜抢菜做饭的生活日常时,很容易心情低落。但这是逆境吗?严格意义上说不是。

我非常欣赏和菜头老师对于逆境的看法。他认为,"生活中遭遇困难与挫折其实不算是逆境,大多数时候只是一种个人感受……真正的逆境在我看来应该是一种判断,判断大势不在自己的一边,判断未来也不在自己的一边"。

如果按照这个定义的话,对于我们普通人来说,还真的没有太大的机会经历到真正的逆境,就是当"大势不在自己的一边的时候"。

对于很多强者来说,即使大势暂时对于自己不利,也并不是没有东山再起的时候。比如褚橙的创立者褚时健,虽然当年因为自己的小小失误锒铛入狱,但多年之后,照样在商业领域重起炉灶,创立了今天耳熟能详的褚橙品牌。

对于大部分普通人来讲,当前的逆境也许只是一些"暂时心理上的干扰",暂时不那么好的个人感受,暂时未达成的目标。

在高中的时候,我曾经有一次数学成绩考得不是特别好。我记得那次自己哭得特别伤心。虽然现在想起来当时的自己真的很傻很天真,一次小小的考试成绩不佳在人生的漫长路上压根无足轻重,但当时的那种感受和心理干扰却是真实的。

这种情况也曾经发生在工作中,如果一个项目推进不利,或者感觉自己付出了许多积极主动的努力,但仍得不到他人的赞赏时,就会感到委屈难过。

比如在香港工作时,我曾经希望大力推进所在机构与内地企业之间的一些合作。当时我所在的亚洲协会香港中心马上要成立一个新的中心，需要一批电视机来作显示屏。当我非常积极地找到之前的合作伙伴海尔集团并谈成了赞助的意向之后，却发现在香港因为各种各样的原因阻力重重。因为中心的赞助者皆为外企或者香港企业，还从未有过内地企业。当时我感到一种深深的失落。那段时间也是我职场经历中最为低谷的时期。

逆境的不顺往往会让我们痛苦，其中心理的痛苦居多。著名作家王小波说过，人的一切痛苦，本质上都是对自己无能的愤怒。我们在逆境中感受不好，本源其实是自己。就好像当我遇到亲子挑战时，内心深处经常对自己说的一句话是：我好失败，我是一个失败的妈妈。所以走出逆境，最好的方式就是拾掇好自己，"自己站直，别受感受影响"。

回归自身，对自己，包括对他人，如果可以有更多相信，更多期盼，面对逆境的我们将会非常不一样。

逆境大部分时候指向我们在某件事情上的失败，但你如何看待失败这件事，会极大地影响你面对逆境的态度。失败只是我们暂时没有达到某个目标，所以从这点上讲，没有绝对意义上的失败，只是因为时机不成熟或者准备不充分暂时够不到目标而已。

爱迪生为了发明灯泡实验了将近 1 600 次，从这个角度看，大部分人平时所经历的失败，算是少的了。

面对逆境，我有以下五点建议：

第一，换一个环境。这是指客观物理环境。我们说逆境很多时候与个人感受相关,那么换一个环境,换一个空间,是可以帮助一个人改变心态,走出逆境的。比如换一个城市,换一家公司等。

第二,永远相信,永远盼望。既然痛苦是因为我们对自己丧失自信,是因为我们看不到未来了,那么在困境中的这份信念和盼望就显得尤其重要。这甚至是一个优秀、成功的人和普通人之间最大的差别。

第三,走出自己的世界。这一点和第一点的不同在于,这一点更多指向心理层面。客观物理环境有时无法改变,但是认知、心理层面不要受局限,不要缩在自己的世界里,钻牛角尖。升级你的认知,拓宽你的世界,许多逆境都能迎刃而解。

第四,培养兴趣爱好。一位曾身陷产后抑郁症的女性与我分享过她通过各种兴趣爱好走出抑郁症的故事,让我印象很深。烘焙,跳舞,唱歌,培养一份爱好,在兴趣爱好中陶冶情操,可以帮你走出困境。

第五,目标导向,愿景导向。聚焦于你的目标,看到你的愿景,任何困境都将成为路上的一个小插曲。只要克服它,你就可以打怪升级,获得荣耀桂冠。

最后,借用和菜头老师的一句话提醒大家,"顺风顺水未必就是顺境。一些个人感受层面的逆境,也许只是暂时的困扰,有些温水煮青蛙,却将会带来大势或者未来的极大挑战"。就像网络上流传的那句话,时代和你说再见,都不会打一声招呼。

所以,让我们睁开眼,好好辨别吧!

三、恐惧与痛苦：穿越它，你就是胜者

关于恐惧的美妙之处在于，当你跑向它时，它就会逃跑。

——罗宾·夏尔马

你最恐惧的是——恐惧本身。

——莱姆斯·卢平

印度电影《三傻大闹宝莱坞》中，刻画了三个性格背景各异，但却极具典型性的角色。主角兰彻，特立独行，善良可爱，对工程学悟性极高。兰彻的两个室友也是好兄弟，一个是法罕，出生于中产家庭，父亲希望他成为一名工程师，但他自己却对动物摄影情有独钟。另一个是拉加，他的家庭非常贫困，父亲瘫痪在床，姐姐因为没有嫁妆嫁不出去，所以他身上肩负着带领全家人走出贫穷的重担，内心总是患得患失。

这三个人中，让我特别有感触的，是拉加，因为他真真切切地经历过人生蜕变成长的过程，最后收获了真正的自由。拉加原来的人生，是充满恐惧的，他整天求神拜佛，以期待自己考试通过，一切顺利。但他的人生却并没有因此收获任何改变。虽然他也喜欢工程，但成绩却一直垫底。临近毕业时他因为在院长家门口小便面临被勒令退学而决定自杀。他在摔断了16根肋骨之后，开始思考人生。他开始去战胜自己身上的患得患失，去穿越自己内心深处的恐惧。当他最终抛掉

所有这些包袱之后,他发现自己反而活得坦然了,也更能够赢得他人的尊重。最终他在毕业前面试成功,后来成为一名大工程师。

恐惧的捆绑

我们在九型人格和情绪这两部分内容里,提到过每一种型号的人都有他的心之所往和心之所惧。这份恐惧来自从小到大的家庭教养,可能也来自人生经历。有的时候,我发现对于一个人来说,这份恐惧真的就像一根粗粗的绳索,会绑住一个人,在他想要突破自己的时刻起来作怪。

比如,我有一位学员,她其实是一位非常优秀的职场女性,也非常关注自己的个人成长与提升。但我发现她每每在内心渴望突破自己,尤其在遇到向上沟通的情境时,容易陷入自己内心恐惧害怕的模式,即使现实情况非常积极乐观。

我询问她内心真正害怕的是什么,她回答害怕的是失败,是被人认为沟通能力不行。这些害怕每每冒出来,会给她带来许多的内耗,也阻碍她的自我突破与成长。

这让我想起心理学家亚伯拉罕·马斯洛在《人性能达到的境界》一书里提到的"约拿情结"。

约拿是《圣经·旧约》中的一个人物,他是一个虔诚的犹太先知,一直渴望能够为上帝做事,履行自己的使命。但有一天上帝终于想要用他,派他去尼尼微宣教的时候,他却临阵脱逃了。上帝到处寻找他,为了唤醒他发起海上的风浪,最后约拿被一条大鱼吞吃,在大鱼腹中,终于觉醒,欣然地接受并完成了自己的使命。

马斯洛认为"约拿情结"是阻碍一个人成长的防御机制，这种防御会让一个人"害怕自己成功"，"逃避自己的命运"或"逃避自己的最佳才干"。

"我们害怕自己的最高可能性（以及最低的可能性）。我们通常害怕成为在最完善的条件下，以最大的勇气，所瞥见的自己最完美时刻的样子。对于自己在这种巅峰时刻表现出的如有神助的潜能，我们感到既愉快又兴奋，同时，内心的怯弱、敬畏和恐惧又让我们在这些潜能面前颤抖。"

电视剧《甄嬛传》里，有一个很令人感慨的角色：安陵容。她一开始是主角甄嬛的好姐妹，最后却背叛逃离，落得一个悲惨离去的下场，令人不胜唏嘘。最近我在公众号"宛央女子"读到一篇对安陵容的评价，很有感触。作者认为安陵容的所有行为，是因为她内心有着极大的自我缺失感和恐惧感，于是，逃跑、背叛、切割，就成了她摆脱恐惧感的最熟悉模式。作者认为，这是"一种灵魂的残疾感，会让一个人性格里有一种说不清道不明的拧巴"。

灵魂的残疾，是让人触动的一个说法。所以，想要成为内心真正强大、圆满的人，必须穿越自己的恐惧。

恐惧与创造力

心理学博士，知名治疗师和教育家约翰·贝曼提到过人生改变和成长的四座冰山（也有说五座的），从最消极的受苦的冰山开始，经过生存，掌握主导，进入最积极的创造的冰山。所以，创造力的释放与焕发对于个体来说是一个理想的状态。但即使是在相对自由舒适的现代社会，创造力的释放与焕发也是一种可遇而不可求的境界。这是为什么呢？又是什么阻碍了我们身上创造力的怒放呢？

在经典人格模型大五人格中，有一个特质被认为与创造力有明确的关联性，那就是"开放性"。王芳在《我们何以不同：人格心理学40讲》中认为："高开放性的人身上这种探索的动机和发现新知的倾向最终可能产生创新性的想法，而这是创造力的关键。"

那又是什么阻碍了我们去开放探索，勇敢前行呢？很明显是恐惧。还记得我们在第三章探讨过的原始脑与高级脑吗？这种"恐惧至上"的杏仁核只会让我们离更好的自己越来越远。

其实我们日常生活中普遍存在的一些问题，包括拖延症、完美主义、不自信、畏惧权威、讨好等，这些症状的背后，都是因为恐惧。比如，我之前遇到过一位学员，她是一个特别认真的人，做事也很让人放心，但她却受困于多年的拖延症。经过对话，我发现她的拖延症源于身上的完美主义，而完美主义又根源于她对他人消极评价的恐惧。

那我们又该如何战胜恐惧呢？

恐惧与勇气

能够战胜恐惧的，无他，只有勇气。

其实面对恐惧，我们不需要去消灭它，只要带着勇气去穿越它。每个人都可能面临恐惧,但这些恐惧,很大程度上是自己想象的一只怪兽,虚张声势大过真实存在。或者,我们可以把恐惧想象成一堆棉花糖。棉花糖有什么特点?一大堆膨化的棉花糖,有点虚,舔了一下就没了。

最近大银幕上又在重映《哈尔的移动城堡》,这是我最喜欢的一部宫崎骏导演的电影。片中刻画的女主人公苏菲,是一个特别有意思的角色。她普通平凡,但我却觉得是这几年看过的电影里最令人心动的女性角色,不为别的,就因为她身上的那份乐观与勇敢。

年轻时候的她,谨小慎微,战战兢兢,缺乏人生的激情。但是在不幸成为老太太之后,苏菲却很快适应了自己的新角色,并对人生发出了特别有哲理的感慨:"人老了的好处,就是可失去的东西越来越少了。"

变老焕发出了她内心原本就很丰富的勇气与活力。她大胆进入外界盛传会吃女孩子心脏的哈尔的移动城堡,大胆地装扮成哈尔的母亲去宫廷见魔法师萨利曼,并为了哈尔与萨利曼据理力争。

苏菲被施了魔法之后,并不总是 90 岁的老太太面貌,而是有时年轻,有时五六十岁,有时又恢复 90 岁。每一次的转变都与她身上的勇气与梦想有关。在宫廷里与魔法师萨利曼据理力争时,她变回了少女,与哈尔在美丽的花海前毫无顾忌地憧憬时,她再一次回到年轻。但如果她在关键时刻退缩胆怯,就又会变回老太太。

因此,苏菲克服诅咒,重回年轻的过程,也是一个活出勇气与爱的过程。

李一诺在《力量从哪里来》一书里说:"所有困境的本质,都是我们内心底层的某种恐惧和不自洽。从错位到自洽,正是通往真正的人生幸福的道路……所以,领导力是一个圈,最终回到的地方是人之为人的智慧和勇气。"

这不禁让我感慨,每一位女性,当她们活出自己身上的爱、坚强,以及勇气时,她们是最美的,她们也都是英雄!

四、系统视角:集体/国家事件,你想不到的背后驱动

一个人,是一个独立的个体,但同时也是一个系统的产物。所以,认知一个人,了解一个人,不仅需要对其个体进行深入的探索,也不可忽视这个个体周围的系统。当然,对系统的理解,可大可小。一个人本身就是一个系统,身体、情绪、心智,组成了一个精密运作的闭合系统。同时,每个人又身处不同的系统中,这个系统可能是他的原生家庭,他的职场环境、企业文化,也可能是他所处的国家社会文化。

我们每个人最熟悉的系统,应该就是家庭。所有人都是家庭的产物。家,是港湾,是依靠,同时可能也是许多痛苦与问题的来源。

比如获得2023年香港电影金像奖12项提名的电影《年少日记》,就讲到了原生家庭这个系统的问题。影片主人公是香港某所高中的郑老师,为人和善,关心学生,温文尔雅,却面对着和妻子离婚的局面。原因是他在妻子怀孕之后,不愿意面对自己即将作为一个父亲的事实,妻子最后选择了流产。

但是,了解了郑老师背后的系统,了解了他的原生家庭后,你就能理解他为何会惧怕成为父亲。

郑老师出身于一个殷实的中产家庭。父亲是一名律师,靠着自己的努力打拼出了一片成功的天地,母亲是一名气质优雅的全职妈妈。在外人的眼中,这是一个令人羡慕的家庭。但是在光鲜的外表之下,却是外人看不见的创伤与痛苦。父亲因为自己的成功,对家人颐指气使。郑老师小时候曾经有一个哥哥,哥哥成绩很差,钢琴也学得不好,在家里经常遭受父亲的打骂。哥哥在家里不被看见,他的痛苦被忽视。最终在10岁时,哥哥选择了跳楼。至此,这个家也散了。母亲离开了家,父亲也一蹶不振。

《年少日记》的英文名是"Time Still Turns the Pages"(时间仍在翻页)。原生家庭这个系统,对人的影响巨大,也是一个人最难以挣脱的漩涡。我们说时间可以抹去一切,但在原生家庭这个系统上,可能过去几十年,仍难以挣脱影响。

这个系统中,对一个人起到深刻影响的,有父母的养育方式,有整个家族的重要事件,也有一个人在家里的排行。

除了家庭这个系统,集体/国家事件,这个更大的系统也会对一个人的选择与认知带来极大的影响。

心理学家荣格曾经提出过"集体潜意识"的概念,他认为集体潜意识是"数百万年来祖先经验的沉淀,是历史在种族记忆中的投影",这些来源于文化和集体事件的经验会给集体中的每一个个体留下深刻的烙印,在精神上带来鼓舞与共鸣。

比如,当我采访一位认识多年的60后职场女性时,她提到了小时候自己的父亲在她面前哼唱知名的《中国人民志愿军战歌》"雄赳赳气昂昂，跨过鸭绿江"对她一生的影响。长大之后，每当面对困难，她都能想起这首歌，这些歌词也能鼓励她用昂扬的精神来面对眼前的挑战。这就是曾经的历史事件抗美援朝，给那一代人带来的影响。

相比之下，根据一些研究调查，美国人在 20 世纪 60 年代虽然经历了经济的高度发展，但其间所经历的肯尼迪总统遇刺事件，给那一代人带来了心理上的很大创伤。当年，肯尼迪这位年轻有为、关注民生的总统在众目睽睽之下突然遇刺，美国举国震惊。许多人为这起突发事件哭泣。之后，"婴儿潮"这一代中的部分人有的时候忽然会想要大哭，这种群体影响有点类似于 2001 年发生的"9·11"事件。

在美国念书时，我们曾经在课堂上探讨过"9·11"事件对大家的影响，即使当时我们所在的城市并不是纽约。大部分人可能并没有直接受到伤害，但每个人或多或少都在心理上受到很大冲击，重新回忆起这起事件也都是痛心疾首。

所以，这就是为什么了解一个人是一项复杂工程，因为需要了解他背后的系统，了解他经历的整个人生。

在我采访上海更生心理事务所创始人，哥伦比亚大学硕士，非常优秀又有个性的 90 后詹梦婕时，她提到一个很有意思的观点：一个人学习历史，懂得历史，也可以在很大程度上帮助到他的自我认知。因为历史不仅是历史，里面还有人性，有个体、集体之间博弈的关系，只有当一个人清晰认识到国与国之间、人与人之间的博弈关系时，才能为自己找到一条格局更高的生存之道。

前文提到了很多个体层面的认知，但一个个体，在历史的洪流面前，的确是非常渺小的。所以，相比之纠结于个体的得失与情绪困境，如果一个人能够看到更大层面的自己与这个世界的对应关系，那么对于一个人的人生会更有指导性。

> 我觉得中国传统文化中一个非常重要的点，就是大的和小的东西是对应的，宇宙的东西是对应的，然后国跟国之间的东西是对应的，人跟人之间的东西是对应的。比如《黄帝内经》，它是一本医书，但是它整本书写的都是一个皇帝跟他几个宰相聊怎么治国，因为它是共通的。你怎么治国，怎么去疏通了，然后个人也是一样，能够把这个脉络梳理清楚，然后做正确的事情，寻求外部帮助，他也会畅通。
>
> 如果一个人，能够看到历史的洪流，参与进历史的洪流，我觉得那是一种更义无反顾的英雄式的行为。回顾一个人整个的人生，比如为什么他被生出来，包括他为什么要接受这么多天地的供养，接受这个社会里各种素不相识的人对他的供养，他很亲的父母亲、他的朋友们的供养，给予的这些爱，受的这些教育，累积在一起要成就一个怎样的人。当他拥有了所有的这些，然后做一些什么去回应，我觉得这是一个非常浪漫的事情。
>
> （出自与詹梦婕的采访）

当看到这一段时，我便会想起中国历史上的各种人物，尤其是近现代历史上的伟大人物，他们中的很多人，就是如此义无反顾地投身于历史的洪流，才成就了一个更具传奇色彩，更为有价值与意义的人生。

第三部分
自我探索的补充与展望

　　自我认知探索是一段向内的旅程,但同时,它也应该如活水般灵活开放,如艺术般独特美好,如破茧成蝶般快乐盛放!

　　下面,我将带领你,不仅向内深挖,而且向外辐射!

第九章
寻求反馈,成为活水

> 人生像曲曲折折的山涧流水,断了流,却又滚滚而来。
>
> ——波普
>
> 成长就是改变,改变需要冒险,从已知踏入未知。
>
> ——齐克果

流水不腐,户枢不蠹。一潭水,如果没有与外界的流通,那它就是死的,只有不断流动的水,才可能保持灵动与纯净。人也是一样。每个人认识自己的过程,也是一个不断螺旋式上升的过程,需要与外界保持不断的互动与沟通,让自己成为活水,得到反馈,不断提升。

瑞·达利欧在《原则》中,最先提到的一个原则就是:做到头脑极度开放,极度透明。因为他认为,"学习过程是一连串的实时反馈循环:我们做决定,看到结果,然后根据结果改进对现实的理解。做到头脑极度开放能够增强这些反馈循环的效率"。

但我发现,很多职场人士对于反馈是缺失的,对于自己在他人心目中的品牌与口碑是茫然的,不知道自己给他人留下的印象是怎样的,从而也不知道自己的价值到底在哪里。

那么,如何成为活水,从外界得到更多反馈呢?

一、积极主动:逃离鸵鸟心态

在职场中,女性相较于男性比较被动,会经常怯于寻求反馈。但人生不可能任何时候都清晰无比,总有迷茫的时候。如果想要拨开云雾见月明,寻求反馈是非常好的一种方式。因此在对许多人的教练中,我会鼓励她们去主动寻求反馈,走出自己所面对的迷境,看到更多突破的可能性。

然而,面对反馈时,一部分人抱有的是鸵鸟心态。当觉察到问题与危险时,不去直面,而是将头埋在沙土里,逃避现实。其实这是挺可怕的一件事情,因为:

> 否认和预测是妨碍我们认清现实的大敌。
>
> ——沃伦·本尼斯

一个人面对反馈有恐惧和逃避都是正常心理,因为中国文化中的反馈有两个特点:

(1) 含蓄:在不是特别亲近的圈子中,比如同事、同学这样的关系,人们一般避免直接沟通,比较含蓄。但含蓄并不在任何情境中都适用,有时人们需要一针见血来获得成长。

(2)批判:最近我在和一位国外的教练沟通时,他与我聊到自己见到过许多的中国客户,都感受到被批判的痛苦。被父母批判,被配偶批判,被老板批判。这样的文化,也会导致有更多人不喜欢反馈,接受不了负面反馈。

因此,人们恐惧反馈,从而逃避真相,拒绝直面。人们没法相互了解,也没法正视自己的盲点,每个人都停留在原地转圈,无法前行。

所以,重视反馈,让自己的人生获得更多反馈的前提是正确地认识什么是反馈。

在塔玛拉·钱德勒所著的《反馈的力量》一书中,作者用对比法定义了到底什么是反馈,很有启发意义。

反馈是	反馈不是
工具	武器
交流	指控
以信任为基础	怀疑的泥沼
根据情况作出的观察	无依据的评断

(摘自《反馈的力量》)

一些自我成长体系比较完整的公司往往会每年给员工提供360度反馈,所谓360度,就是给予被反馈者全方位的评价,来自上级、下级、平级、合作伙伴等。如果你的公司没有提供360度反馈,你完全可以自己来做。

想一想,在工作生活中,对你而言重要的利益相关者有哪些?其中有哪些是你特别信任的,他们可能是你的上司、下属、家人、合作伙伴、辅助团队,等等。获得他们对你的客观评价,看看你在哪些层面还有提升的空间。

二、向专业人士或者导师寻求建议

向教练寻求思路的整理,向心理咨询师寻求帮助,这些都可以帮助我们更快更好地走出困境。

前段时间,当我与一位朋友聊到自己对职场经历的反思时,我说,如果回到职场当时当刻的那个最低谷,我首先会做的一件事就是找一位职场教练来支持我在职场上的困境突破。

很幸运的是,我成为教练之后,在一些女性朋友遇到问题时,我可以成为她们第一时间想到的专业人士,也很欣慰在教练的过程中能够帮助她们走出泥潭。

三、与职场导师结对,建立长久的指导关系

有一次,我与一位在外企深耕多年的优秀职场女性聊到潜力这个话题时,她强调:

"女性对自己的认识,是倾向于低估的。因此,有一位资深的导师,对你有个客观评价,并激励,是有帮助的。(所以)一定需要一个导师。我曾经的女性导师,一直鼓励我,告诉我

'你可以'。凭我自己,是信心不足的。现在轮到我去告诉身边的年轻女性:'你可以'。"

每个人都需要一个教练,每个人也都需要一个导师。

因为不是所有的人对自己都是百分之百信心满满的。在这条路上,让你的支持团队,陪着你一起走,才可以走得更远。

四、亲朋好友:千万别忽视的镜子

寻求反馈时除了我们信赖的专业人士之外,也千万别忽略了身边最为亲近的人,包括父母、配偶,甚至是孩子。

虽说作为最亲近的人,有时彼此之间反而容易看不见彼此,而且容易将彼此标签化。但作为最亲近的人,总会看见一些他人看不见的点。这对于一个人的自我认知可以是很好的补充。

五、写作:最好的自我关怀

写作是很好的回归自我,让自己安静下来,自我关怀的方式。因此,我会鼓励希望认知自己的学员尝试"写"的方式,写下所思所想。有一次,在我们的学习群中,一位学员提供了这样的分享:

> 从今年2月份开始,我就开始写日记。日记的内容和形式一直在变化,更多时候是随心情来。写过流水账,写过感恩日记,最近变成手写的。更多的时候是在微信群里写,也在简书写过。写过100多字的,也写过500字

的。能坚持下来唯一的动力是，日记的书写，让我放下和记录。我喜欢记录的感觉，我喜欢思想和生活变成文字的过程。

同时，也让我学会转念，从对领导的不喜欢，转念为对领导的接纳和发现她的好。坚持一件事久了之后，会变得有力量，会觉得自己特别棒，觉得自己能做好这件事，同时也可以做好其他事。

现在也在坚持，每天列出今天要完成的三件事。这个特别好，我之前看到过别人在做，当时觉得我做不到。第一天做的时候，会特别难熬和困难，慢慢地发现这成了我行动的指南。

我曾经的一位学员，特别容易受负面情绪的影响，一旦进入，很难自拔。但我发现她是一个喜欢写作与阅读的人。所以有一次我给她的建议是，面临负面情绪时尝试去写一些东西，后来她反馈这一点对自己有很大的帮助。

六、观察：对自己的元认知

我们在学习教练的时候，同学之间经常会彼此教练，轮流当教练与被教练者。这时，往往还会设立一个第三人的角色，作为中间人来观察教练与被教练者。这个观察者的角色很重要，往往能提出许多当事人看不到的点。

所以，观察是我们获得反馈、收获成长的另一种很好的方式。不作评判，只是单纯地抽身出来，观察自己或者他人。

记得一次，在我们的教练课中，导师现场给我们示范了如何用抽离的方式帮助一位同学获得觉察。就是让她不要沉浸在自己的世界与逻辑里，而是尝试抽离出来，作为他人去观察自己。在教练中，那位同学获得了很大的启发。

周岭在《认知觉醒》这本书中提出，观察自己，是一个人获得元认知的方式。所谓元认知，是一个人"对自身的'思考过程'进行认知和理解的最高级别的认知。你能意识到自己在想什么，进而意识到这些想法是否明智，再进一步纠正那些不明智的想法，最终做出更好的选择"。

观察对于情绪管理同样也有很大的帮助。当情绪的暴风骤雨突来，如果可以抽离，尝试觉察自己，告诉自己：我生气了，我愤怒了，我难过了，我悲伤了，一个人的情绪管理已经成功了一大步。

在小马宋的《朋友圈的尖子生》这本书中，尖子生之一刘丹尼曾经说过这样一段话："教育的意义就是教你在遇到一件事的时候如何看待它。当你对这件事进行反应的时候，总是有你自己的天性在里面，比如说有人骂你，你就想骂回去，但是你在这个反应当中会有一个哪怕是零点几秒的间隔去思考或者审视，这个间隔就是你获得的教育或者经历的意义。"

毕业于沃顿商学院的刘丹尼就是那个高中上了知名的上海中学还不满足，在高二时与父母谈判，请求父母用那笔本打算为他结婚买房的钱供他出国留学，后来在进入高薪的金融行业后，又选择创业做乐纯酸奶的男孩。我在看小马宋写他的那篇文章时,深深地被刘丹尼对自己的清晰认知所感动。也正因为如此,可能每一步,他都能做出适合自己又独一无二的选择。

观察也是一个人了解他人的很好方式。这几年上戏剧课让我形成了一个很好的习惯,就是学会观察他人,然后联系他的外貌、动作与表情来理解他背后的故事。

比如在拥挤的地铁上,在喧嚣的火车站,可以选择不做低头族,而是抬起眼来看看每一个与你此时此刻在同一空间的陌生人,想象一下他背后可能有着怎样的人生。每当做这件事的时候,我可以不再局限于环境的喧嚣,而是聚焦于他人以及他人背后的世界。我们经常觉得他人和自己活在迥然不同的世界,但这种方式,有助于拉近与他人的距离。

七、日志反思:感知生活中的触动

孔子说,吾日三省吾身。所以,如果每天都有反思记录,对自己的成长会很有益处。

一天结束之后,问自己几个问题:

今天,你做了哪些事情让自己收获了成长?

今天,你在哪些方面有所改善,克服了自己的旧模式?

今天,有什么值得感恩的事情?

在做每日反思时,尤其要留意别写成流水账。周岭所著的《认知觉醒》中,作者提到"好的反思是感知生活中最触动自己的点,难受的、欣喜的、念念不忘的……这些点正是处在自己成长的舒适区边缘的感悟,人在舒适区边缘学习,成长是最快的"。

比如有一天,我在日志中写道:

今天的小确幸:① 吃到朋友送的柚子,味道很不错;
② 感谢邻居送东西过来;
③ 早上的朋友圈,引起不少朋友的共鸣。
成长:书写到 6 万字以上了,离目标越来越近。
克服旧模式:今天主动联系了一位潜在的合作伙伴,慢慢在克服自己身上被动的模式。

尤其是第一部分的感恩与小确幸,是我建议每一个人每天都要记录的事情。这也来源于积极心理学中的三件好事的做法。每天为三件小小的事情感恩,长此以往可以培养一个人身上的积极模式,恰恰姐就是一个绝佳的例子,因为我通过感恩日记成长了很多。

除了每日反思之外,建议大家也可以通过写周记给予自己反馈。写周记并不仅仅为了在工作中应付老板和上司,而是对自己上一周所做工作的总结复盘。

在这里,我给大家附了一则"月中思考",这里面的问题编译自知名教练马歇尔·古德史密斯的《习惯力》,也是他定期会用来获得反思的一些问题。

月中思考

为这些问题 1—10 分打分,1 分为最低,10 分为最高。打完分之后,想一想自己的差距在哪里,可以做哪些努力去减少这些差距?

1. 你本月付出了多少力为自己设立清晰的目标?
2. 你本月付出了多少力在目标的实现上迈步前进?
3. 你本月付出了多少力为自己找到生命的意义?
4. 你本月付出了多少力让自己保持快乐?
5. 你本月付出了多少力去建立积极的人际关系?
6. 你本月付出了多少力让自己全力投入所从事的事情?
7. 你本月付出了多少力去学习一些新的东西?
8. 你本月付出了多少力为你所已经拥有的事物感恩?
9. 你本月付出了多少力去避免对别人有愤怒或者伤害性的言语?
10. 你本月付出了多少力不浪费时间在你没法改变的事情上?
11. 你本月付出了多少力为你的家人说或者做一些美好的事?

你也可以根据自己的特殊情况加上一些个性化的问题,比如我今天付出了多少力保持一个健康的饮食习惯?我今天付出了多少力保证自己财务的健康?等等。

——编译自全球知名高级领导者教练马歇尔·古德史密斯(Marshall Goldsmith)的《习惯力》

八、复盘：发现你的因果链条

最近看到公众号"辉哥奇谭"的主创辉哥谈闭环，他认为闭环意味着三件事：

第一，目标，即知道自己究竟想要什么；第二，因果链条，即知道是什么原因导致这个结果；第三，运营。

其中承上启下的第二步往往是很多人所忽视的，成功了，知道原因是什么，失败了，也知道是在哪里掉的链子。这就需要一个人通过即时的复盘来找出原因。

最简单的复盘步骤简称 CSS：继续做（Continue doing），停止做（Stop doing），开始做（Start to do）。

继续做：有哪些事情能带来效果，是需要继续做的。

停止做：有哪些事情效果不大，而且与自己的目标偏离，需要停止做的。

开始做：有哪些事情虽然没有做过，看起来却很符合目标，可以尝试去做的。

生命平衡轮

生命平衡轮是用来做年度计划或者季度计划的一个非常好的自我认知工具，也是每次我给自己的教练客户必用的一项工具。

将一个圆分成 8 大块，然后在每一个部分填入对于你的生命平衡与幸福最为重要的模块，比如事业、家庭、财富、休闲、信仰、朋友、个人成长、团队，等等。

每一个人的 8 大模块可能不一样，因为每个人的生命本就是不一样的。尽量将 8 大块填满,如果真的想不出 8 块,也没有关系,可以空着。逐个分析每一个模块的现状与愿景,列出重要模块的具体行动计划,完成复盘。

项目回顾

每当完成一个项目,可以做以下回顾,帮助复盘:

⊙ 那段时间你的目标

☆ 你所学到的东西

§ 你所克服的障碍

△ 你取得的成功

☐ 有哪些人在这当中起到很重要的作用

以恰恰姐今年完成这本书的目标为例:

⊙ 那段时间你的目标

完成初稿撰写:7—8 万字。

☆ 你所学到的东西

目标制定心得:少,一年可以只定一个大目标。

§ 你所克服的障碍

时间管理。

△ 你取得的成功

按时完成目标,建立了人生中更多的效能感与自信。

☐ 有哪些人在这当中起到很重要的作用

被教练者:她们给我提供了案例,给了我许多灵感。

德鲁克有效计划五大元素

知名的管理学家彼得·德鲁克曾经提出过有效计划的五

大元素,也是一个非常好的复盘工具。这个工具特别适合在年末对自己一年的工作进行复盘,也对来年的工作进行展望和规划。它包括以下 5 大元素:

(1) 应该放弃的(abandon):以往所做的努力中,有哪些做法是应该放弃停止的。可能这些做法是无效的,也与自己所追求的目标偏离。比如,无效社交,一些没有带来结果与共识的会议。

(2) 聚焦(concentration):有哪些事情是应该聚焦去做的。这些事情可能是我们新一阶段工作的重心,需要多投入一些精力与时间。

(3) 创新(innovation):有哪些事情的做法需要做一些创新。这些方面仍然是工作的重点,但是在方法上缺乏高效,需要创新。

(4) 冒险(risk taking):在哪些方面,应该胆子再大一些,多一些冒险精神。可以是新的领域,也可以是新的方式方法。

(5) 分析(analysis):哪些事情上,应该多做一些分析,然后再决定后续。

比如说,恰恰姐根据五大元素对自己今年的工作做了复盘之后,有以下发现:

应该放弃的:与情绪不太稳定的人进行合作,即使对方很认可你的理念。

聚焦:高品质的内容输出。

创新:渠道管理。

冒险:主动连接人,展现自己。

分析：数据与方法。

苏格拉底说，未经审视的人生不值得过。

经常检视自己，可以获得许多意想不到的收获。在我的教练过程中，我也经常会鼓励学员们去寻求反馈，比如前段时间，一位学员与我分享了自己在工作中的困境，她觉得自己心里很难受："之前我和另一个同事负责一个项目，后来由于某些误会，他们基本就让我退出了。我感觉他们需要人的时候会特别捧高，出一点错误，就往扁里踩。"

她说完之后，我先表达了对她感受的理解，然后问她，有没有可能去寻求一些反馈呢？

因为当一个人陷入某种带有情绪的困境里时，观点可能会有偏颇，这时让她慢慢地走出来，看到全局，看到自己的盲点，看到自己的优势，看到自己的核心竞争力，会是一种好的应对方式。

后来有一天，她回复我说："我回顾、反思了一下最近的问题，今天也向我的主管问了一下反馈，她没有时间回复，但是我自己对我的工作做了一个复盘，找到了自己的短板：比如人际交往能力不强，不会高效沟通，认知和应用层面没有进行练习，每天的工作没有目标，比较被动，内心不敢直视困难。同时也对自己的优势重新地梳理了一下，比如文字能力上面可以更加提高，同时去拓展一些新的工作领域。"

可以看出她慢慢走出了灰暗，开始能够比较理性地面对自己。

几年前，我曾经去参观一个古村落。村子里虽然人不多，有点荒凉,但围绕着全村流经整个村落的活水却给我留下了很深的印象。每家每户门口的沟渠里,都流动着活水,这潺潺的水声,清冽流畅。整个村子,因为这份活水而灵动了,更为美好了。

每个人的生命不也如此吗?

第十章
自信绽放

活水的底色在于它的包容性和它的坚毅,即使遇到再污浊的东西,活水也能将之冲刷洗涤得清澈无比。所以,当一个人开放自己,遇到许多外界的声音之后,非常重要的一点是,仍然能够保持自己的主心骨,也就是保持自信。

为什么自信对于女性如此重要?

因为自信与否决定了女性是否能够更进一步。

不论你是希望在职场上得到晋升,还是希望在人生中找到更多的可能性。

享誉盛名的女性领导者谢丽尔·桑德伯格在《向前一步》里面所分享的主旨其实就是这句话:自信决定成就。一个人是否有勇气有信心承担更多的责任,迈出一步,决定了她是否可以成就更多。但遗憾的是,许多女性采取的却是不战而退的绥靖策略:会议还没开始,先坐到角落,具体是什么挑战还不清楚,先认定自己不合适。

自信也决定了高手与普通人之间的差距。

"改变自己"公号的创始人辉哥曾提到,普通人与高手之间最重要的差距是"极致",而"极致"背后所考验的正是"是否真的相信"。

"普通人很难相信一些还没有发生的事情,他们只愿意看见已经看见的事情,做这些事情才会有安全感。……而高手最大的特点就是愿意相信,彻底的笃信让他们可以在看不到收益的时候就能投入大量的时间去深入钻研。"这个过程可能是漫长的,但是"支撑他们成功的力量,就是'相信相信的力量'"。

对于实现一个通透有影响力的人生,自信更是能起到举足轻重的作用。

一、优秀与自信的关系

优秀是自信的前提吗?到底是自信促成优秀还是优秀促成自信?

虽然大部分人可以比较清晰地看到两者之间的鸡生蛋、蛋生鸡的关系,但是在现实生活中,我们非常容易落入一种误区:认为优秀是自信的前提,一旦感觉到自己不优秀,不被人认可了,就马上陷入自我怀疑和自怜的状态。

真正的自信不等于优秀,真正的自信是一种预期,一份确据。就好像手里拿着一张支票,虽然并不是实体的钞票,我却坚信它可以兑现的价值。

安徒生童话中的丑小鸭,曾经极为羡慕天鹅的美丽与自由。但是,已经成为天鹅之后那种信心不叫自信,只有在还是丑小鸭的时候相信自己有一天能成为天鹅这种信心才是最高段位的自信。

大部分人都是普通人,很少有人一出生就含着金钥匙,或者天赋异禀。即使是富二代,一生中也要经历寻找自己价值,建立自信的过程,更不用说我们这些普通人了。所以,普通人一生中都要经历努力的过程,而这份努力能有多坚持,多勇敢,收获多丰厚,完全取决于一个人对自己的信心。

二、什么阻碍了你的自信

每个人身上,都有那么一根刺,阻碍着自己的自信。这根刺可能是外表的不如人意,可能是身高的低于标准,可能是事业的无所成就,也可能是家庭背景的贫寒鄙陋。改用一句名言:

所有的自信都是一样的,但不自信却各有各的原因。

那么,让你不自信的那根刺是什么呢?那根刺可以拔出,可以改变吗?如果不能改变,那就要麻烦你把这根刺慢慢变身了。因为在不能改变的现实与想要达到的理想境界之间,还隔着一层,那就是你的看法。

著名的情商专家张怡筠老师,用两个很好的概念来帮助我们转化这根刺——独特点与成长点。独特点是我们身上那些不可改变的不满意点,比如眼睛小,比如个子矮。而我们可以做的,就是积极接纳这些点,让它成为我们身上的独特之处。

但恰恰姐觉得，对待独特点的更高境界，则在消于无形。当一个人达到真正自信的境界之后，对于身上那些不可改变的独特点就会达到无视无形的状态。

真正自信的人，会聚焦更多精力去关注自己的成长点，就是那些通过努力可以改进的点。因为花时间关注不可改变的点，其实就是在浪费自己的宝贵生命。

梳理了自己的成长点之后，最好再列出如何改进的具体举措，这样才能督促自己一步步突破与实践。

三、无条件地接纳自己

自信者需要对自己有接纳。那是接纳自己在先还是了解自己在先？可能很多人的回答是：先了解，再接纳。但最理想的状态其实是不管自己怎样，都先接纳，这才是自信的最高境界。

因为，接纳是唯一的选择。人生的不完美，本就是一种常态，甚至可以说是一件礼物。在不完美中，我们得以与他人建立起更多的链接，在不完美中，我们才可以对人生有更多的感悟，得以深度迈入人生旅途。

而且，如果身上总有一处地方让你无法接纳，很遗憾，它们总有一天会成为你生命中的毒瘤。《甄嬛传》里让人唏嘘的安陵容，就是一个例子。对自己家庭出身、家庭环境的不接纳，虽然看似可以通过她不断地往上爬来缓解，但事实情况是，这种不接纳却成为她生命中的毒瘤，最终导致了她的灭亡。

接纳自己,平凡也好,普通也好,丑陋也好,贫穷也好。

接纳,首先就可以让我们快乐!

四、价值:我们都是进行式

对自己自信首先要坚信自己的价值。一个人的价值可以来自很多方面,在家庭里作为母亲或者女儿的价值,在职场中作为员工或者创业者的价值,在社会上作为一个公民的价值。

我们的存在,本身就是一种价值。因为我们的存在,给身边的人带来了许多不一样,不是吗?

但现实生活中,很多女性被局限于家庭的场景,难以找到价值感。因此,尝试从职场或社会中发现价值同样重要。工作并不只是饭碗,它也是发挥你价值的很重要的部分。努力并不只是刻苦,也是给你带来成就感与快乐的付出。比如恰恰姐的价值,就是用自己的洞见、关怀与感受力,帮助和支持女性的个人成长。你的价值又是什么呢?

发挥自己价值的时候,其实你处于一个全面调动自身优势的境界,因此你会感到快乐、满足,甚至感受到时间的停滞,这时就进入心理学家所提出的"心流"状态了。

尝试把自己经历过的价值时刻都记录下来,好记性不如烂笔头,你会突然发现,原来自己的价值如此巨大啊?

每个人的价值都可以是现在式。米歇尔·奥巴马的自传书名,是 Becoming,中文翻译为《成为》。Becoming 就是典型的现在进行式。全书分为三个章节:成为我,成为我们,成为更多。我们每个人不也是一样吗？不仅今天已经成为独一无二的我，还在成为更多。成为更多的努力也让我们的人生充满目标，更加多彩。

恰恰姐辅导的女性中，有很多人都在努力成为更多。除了是妈妈、妻子，还在努力成为更好的领导者、团队领袖、自由职业者、创业者。世界因为这些积极奋进的女性而多彩！

所以，当你在自己所成为的路上感到乏力，千万不要气馁。要知道我们每个人都在路上，现在进行式是最为有力的，不是吗？

五、小步的力量

最好的成长，是螺旋式的成长。一步一步，一圈一圈，往上渐渐进升。每踏出一步，都是对自己的一份扩张。即使是世界上最优秀的一些人，也是通过这样慢慢地突破自己渐渐取得今日的成就的。美国前华裔劳工部长赵小兰曾经说：

> Every leadership position is a stretch.
> 每一份领导职责都是一份扩张。

所以，千万不要忽视了小步 baby steps 的力量，积跬步以至千里。今天你所迈出的一小步，取得的一点点小成就，都可以提升你的一点点自信。累积起来，可以让你的自信飞跃太空。

几年前，当恰恰姐刚出道从事个人成长领域时，根本就没有底气在公众场合演讲,或者开设自己的课程,当时都是通过与其他老师合作的形式来支撑自己的底气。直到有一天,当我与一位老师合作,效果不尽人意,这才逼着我硬厚着脸皮让自己豁出去。这几年,我已经做了不下几十场公众演讲,并且开设了自己的多项系列课程。回过头来看,你会发现自己的"千里"是那么有成就感,跬步又是那么值得。

所以,你从今天开始打算迈出的跬步是什么呢?一定要具体、可操作、可衡量哦!

第十一章
自我探索与自我突破

> 人应当要么是一件艺术品,要么戴一件艺术品。
>
> ——王尔德

自我探索的第一步是认知自己。先认知,然后去突破,去行动,达成知行合一,最后通过行动的结果再进一步地认识自己,是一个完整的闭环。在这个过程中,我们可能会犯错。但这是一个试错的过程,从中我们会积累一些经验,同时创造出一个更好的自己。

一、自我探索是一种艺术

艺术是独特的:你的自我探索也是

所谓艺术,包含了一种独特性。每一个顶尖的艺术家,都是在以某种方式,独特地展现着自己对于这个世界的理解。

正如同样是肖邦的夜曲，十位顶流的艺术家每个人会弹出不同的感觉。每个人所经历的自我探索的过程也是一样。

有些人的自我探索，可能中间经历过顿悟。通过一件事、某个经历，突然认识到关于自我的某一点。而有些人的自我探索，是循序渐进的，就像爬山一样，一点一点，拨开迷雾，看到关乎自己的真知。

也有人同时经历着两者，就像恰恰姐。既有之前职场经历中的导火索，也有近几年学习教练、实践教练过程中的持续成长。

艺术是美好的：成长就是美

我们循环往复，经历着一种螺旋式的成长，这个过程很美好，正如艺术般璀璨。

优酷上的高分榜电影，超过 9 分的，很多都是关于成长的故事。为何人类如此青睐成长，我想正是因为她的美吧！

记得之前我曾经上过一堂戏剧课，老师对我们说，戏剧中最有力量的一个动作，就是一个人将要摔倒，但却挣扎着起身的场景。将倒未倒，奋力前行，这也许是戏剧与艺术永不会消逝的主题！

艺术是没有止境的：自我探索也无止境

对艺术的追求是没有止境的。

我很喜欢知乎上一位名为"豹隶"的网友对艺术的定义："它（艺术）很朴素，因为它自始至终所描绘的都是人类自己的精神世界。"而人的精神世界有止境吗？世界上那么多的人，存在那么多种的文化、地域、语言。即便处于同一种文化,一个人本身的内在世界就足够精彩纷呈。还记得在本书的开头,我们计算了一个人一天会和自己有多少句对话吗?

(24 小时－6.5 小时睡觉)×60 分钟×60 秒＝63 000 句

假设一个人能活到 80 岁,那一生中,他与自己总共会有:63 000×365×80＝1 839 600 000 句对话。

这足以让人震惊!每个人的一生,对自己的探索无止境!

二、通过自我突破实现通透与人生成长

当我们认识了自我,建立了自我之后,目的并不是要围起一个自我的高墙,而是为了更好地与外界互动融合。这个时候,突破自我就成为一个必然。

自我突破:不是自我破碎而是更新与重建

在自我成长领域有一派观点,认为在更好地成长之前,一个人需要把自己完全破碎,这样才可以成就一个更好的自己。包括我遇见的学员中也有这样的现象。他们认识到自我更新的重要性,但又过于否定自己的过去,认为要把以前的翅膀全部斩断才算是成长了。

恰恰姐并不认同这个观点。我认为自我成长的基础是接纳自己。一个人的自我成长不是拆迁,而是在原有基础上的更新与重建。这两者有着本质上的区别。

我成长于一个江南小镇。小的时候,物质条件虽然不是那么丰富,但是水乡的景物,小桥,流水,传统的江南民居,却

给我留下了深刻的印象。90年代后兴起的城市建设，却将一切都推倒，盖起了一栋栋没有那么多美感的火柴盒楼。

因此有的时候你会感觉，找故乡，对于你来说，已经不是那么容易的一件事。

相比之下，更为高级的重建，是类似绍兴和上海某些区域的重建。保留了原始的建筑，修旧如旧，以新补新。按照原有的旧有的样子修缮，修完后面貌与原来的建筑面貌并无二致。再用新的方式对建筑补充完善，使之更加出色，符合现代人的标准与习惯。

这个修缮历史建筑的原则，也非常符合一个人的自我成长要求。

管理学家陈春花老师说，一个人真正的悲剧，并不是外部毁灭性的灾难，而是从未意识到自身巨大的潜力和信仰。

没有活出自己的潜力，是一件多么悲哀的事情。很多人认为一个人最好的状态是成为一张白纸，其实并非如此，每个人的纸上本身就已经起笔作画，只需要去找到能让这幅画熠熠生辉的剩余之笔。

根据相关数据显示，大部分人的一生，只活出了自己潜力的0.1%。

这是一个很悲哀的数据，而悲哀的症结就在于一个人没有去认识接纳自己身上的宝贵，反而去追求并不适合自己的事物。这也是为何"没有活出自己"会成为排名第一位的临终遗憾。

所以，接纳自己，是我们这一生唯一而且必须的选择。

第十一章 自我探索与自我突破

最近,反复听张国荣的一首题为《我》的歌曲,一些歌词颇为精彩,希望可以激励我们,活出一个最本真、最美好的自己!

> I AM WHAT I AM.
> 我永远都爱这样的我。
> 快乐是,快乐的方式不止一种。
> 最荣幸是,谁都是造物者的光荣。
> 不用闪躲,为我喜欢的生活而活。
> 不用粉墨,就站在光明的角落。
> 我就是我,是颜色不一样的烟火。
> 天空海阔,要做最坚强的泡沫。
> 我喜欢我,让蔷薇开出一种结果。
> 孤独的沙漠里一样盛放的赤裸裸。
> 多么高兴,在琉璃屋中快乐生活。
> 对世界说,什么是光明和磊落。
> 我就是我,是颜色不一样的烟火。
> 天空海阔,要做最坚强的泡沫。

自我突破:见自我,见天地,见众生

"自我"的英文词是 ego,如果一个人自我太强大,会导致自我膨胀,而膨胀的最终结果,就是像气球一样,爆炸,归于无有。

太聚焦于自己,世界容易黑暗;聚焦于他人,世界会很大,很广阔。

咨询专家刘润老师说：人要花 20 年的时间来建立自我，然后再用 40 年的时间来打破自我。

之所以古人说，三十而立，四十不惑，五十知天命，六十耳顺，是因为 60 岁的人"放下了自我，推倒了自我的高墙，变得更加宽广和深厚。……这是人生极高的格局和境界"。

在这样的格局中，我们可以容纳更多人，我们的世界也会变得更为广阔。

这世界上，很少有人可以靠一己之力成就大事。这也是为什么近段时间，我一直在思考"团队"这个词。事业需要团队，家庭也同样需要团队。许多人之所以活得极其辛苦，是因为太过于亲力亲为，没有团队的支撑。

这也是为何《希拉里领导力》一书的翻译者冯云霞老师会认为领导力的三重境界是见自我，见天地，见众生。所以，最好的商业模式是利他，这也正是日本经营大师稻盛和夫经营哲学中的精髓。

自我成长与突破，是一段永无止境的旅程。但有一天，当我们把格局放在"改变世界"这四个字上的时候，也许已经达到了自我成长的最高境界。

第十二章
自我认知的误区与终极目标

一、自我认知的三个误区

误区一：经历的丰富与优秀，与一个人的自我认知成正比

一个人在自我方面的睿智，与他的年龄与经历并不成正比。这是由国外的相关研究结果所证实的结论。

有的时候，当一个人到达了一定的高度，自我认知的能力反而会有所下降。因为经历有时会让人过于自信，容易高估自己的能力。正如猎豹 CEO 傅盛说：你对上个时代适应得越好，就越有可能是下个时代的最大失败者。

到达了一定高度的人，其身边所围绕的人，往往更不易给予客观真诚的反馈。一位领导者拥有的权力越大，其身边的人可能因为惧怕权威，也可能出于自身的利益考虑，越不敢给予一些建设性的反馈。

就像职场剧《理想之城》里，赢海集团作为一家多年大企业，人浮于事，流程固化，缺乏创新与进取精神，其实已经岌岌可危。但身居最高位的董事长，所看到所面对的却是一派祥和，大好前景。因此，居于高位，董事长很孤独。身边没有人和他说真话，都是出于利益权衡的表面一套。幸运的是，这位董事长很清醒，在上位者，能做到这一点不容易。现实情况是，许多在上位者，很容易被蒙蔽而丧失清醒。

根据美国教授詹姆斯·欧·图勒的研究，随着一个人权势的增加，他倾听的意愿也在降低。无怪乎，中文中会有刚愎自用、一意孤行等成语来形容一个人的固执自信。当你成功了，也许你身边围绕的都是好人，都是笑脸，但从长远来说，这并不是一件好事。拥有一定成功的人，往往容易行走在自己人生的地图里，却忽视了地图需要经常更新这一点。

获得美国管理研究院"终身成就奖"的权威教练马歇尔·戈德史密斯曾经在他的著作《习惯力》(What Got You Here Won't Got You There)中探讨过"人生潜藏问题点"这个话题。一个人除了需要思考"我为什么会成功"，也需要思考"我何以会失败"。别让你成功路上曾经的助推剂，成为你想"更上一层楼"时，阻碍你前进的"致命陷阱"。

尤其在这个充满了不确定性的时代，变化成为唯一不变的事物，新的挑战层出不穷。之前让你成功的因素，不一定在下一个时代帮你走向辉煌。知名的手机品牌诺基亚就是一个极其沉痛的案例。作为曾经的手机市场老大，诺基亚给人的品牌形象是稳重、牢固、安全。但是进入智能手机时代，曾经的这些优势反而成为障碍,因为新的趋势是轻便、灵动与多彩。一个伟大的品牌,站在市场的顶端,失去了对发展趋势的正确预估。

管理学家陈春花老师在《价值共生》中说:"在持续跟踪中国领先企业发展的近30年时间里,我发现这些领先企业的共性特征就是持续进步、持续转型、持续自我超越。"

一家企业,一个人,如果没有持续的自我超越、转型和进步,总有一天会被市场、被社会所淘汰。

著名企业华为为何可以成功,就与其创始人任正非的忧患意识分不开。据说,任正非在企业内部经常讲这句话:华为已经进入了一个无人区,前面有可能是万丈深渊,稍有不慎就会跌进去,陷入万劫不复之地。

一家企业,一个人,能不被成功所蒙蔽,需要极大的智慧。

莎士比亚说:"一个骄傲的人,结果总是在骄傲中毁灭了自己。"所以,当取得了一定的成功后,最需要的是冷静自省,谦虚包容,让自己先停下来,收获更多的自我认知,寻求360度的反馈。再观察周围的环境,始终保持头脑警醒。

误区二:一个人自我反省得越多,他的自我认知也越清晰

两者之间并不一定存在着必然的联系。有的时候,你会发现,当一个人反省得越多,他反而更容易沉浸在自己思路的泥沼里不能自拔。

美国学者塔拉·恩里奇博士所领导的研究团队在进行了

针对性的研究后发现：越是反省得多的人，在自我认知上表现得越差，而且呈现出较为不满意的工作满意度和幸福感。

《当下的力量》中，作者认为人类受苦的根源正是来自于大脑的思维。当一个人无法控制自己的思维时，他就成为思维的奴隶，成为思维的受害者。

我们都有半夜三更胡思乱想，焦虑某个人某件事，导致难以入眠的经历。这里面做祟的不是其他，正是"思维"。

在我所接触的学员中，那些能够从一次对话中收益最大的人，恰恰是那些反省＋迅速行动的人，而最为糟糕的，则是那些反省过度、缺乏行动的人。因为反省思考过度，思维混乱，会导致一直没有行动，也就没有成果。

吾日三省吾身，但千万别混淆了省思与胡思乱想的区别！

误区三：性格测试定终生

随着心理认知领域的日渐发展，市面上也涌现了非常多种类的性格测试工具，可以帮助一个人去认识自己。有些测试工具的确非常好，可以从某些角度作为自我认知的辅助。比如，我向来特别推荐的九型人格测试，马丁·塞利格曼博士团队的 VIA 测试，盖洛普的优势测试，等等。但是同时，我们也不能太过于依赖这些测试。

记得我们在上九型人格课程时，许多同学测出来是某一个类型，但最后通过三天的线下课程，去感受，去分享，去探索，却发现自己是另外一种类型。这非常容易理解。同样的测试，一个人在不同的时间、地点、环境里去做，得出的结果也许会大相径庭。因为一个人总是会随着环境不断地变化。而且在做测试的时候,大部分人动用的是脑,而非心。但一个人真正内核本质的部分,是需要用心去感受和体会的。

职业生涯教育专家古典说:"对自己最专业的人,其实是自己的内心——它拥有最强大的行为数据,而且如果你认真听,它了解自己的每一个想法。"

认识你自己,只需要你安静下来,倾听自己内心的声音。

二、自我认知的终极目标

向外的影响力

自我认知是一份向内的探索,它的终极目标是为了向外,帮助我们更好地直面挑战,帮助我们建立更大更强的影响力,塑造自己的个人品牌。

我们向内探索,建立自己气质的目的,也是为了向外去更好地塑造自己的气场。每一个人都有自己的气场,温柔是气场,亲和力是气场,灵动也是气场。

自我认知的终极目标,是成为一名领导者。

其实,"领导力"这个词并不那么遥远,我相信,当每个人活出自己身上的潜力与闪光之处时,都可以实现领导力与影响力。

哈佛大学商学院管理学教授、世界 500 强企业美敦力公司前主席兼 CEO 比尔·乔治说:"这个世界上没有一个人可以通过效仿他人而成为一名真诚的领导者。"

自媒体大咖六神磊磊曾经在一篇文章中评价说,金庸小说里最厉害的人，都是追随自己的人。的确，放眼世界，哪一个实现最顶尖成就的人，不是追随自己的呢？马云也好，杰克·韦尔奇也好，马克·扎克伯格也好，他们都是先看到自己的愿景，然后再去搭建自己的商业王国。

这其中，我特别欣赏的一位职场人士，是前脸书的首席运营官雪莉·桑德伯格。她的影响力的独特之处在于，从自己的人生经历出发，看到女性成长的痛点，因此撰写了《向前一步》这本书，呼吁全球的女性做到在职场上向前一步。

在前夫不幸意外离世之后，她以思索面对人生的苦难，与心理学家亚当·格兰特合写了《人生的第二选择》，安慰那些遭遇不幸与痛苦的人。她的影响力与个人品牌，也在一次次的人生经历中，不断地扩大成长。

所以，对于每一位想要实现自我成长的女性，我都想说：

认识自己吧，这是你人生最大的幸福！

附 录
自我认知访谈片段

访谈片段1

Yvonne Wang曾任赫斯特媒体集团中国总裁,赫斯特亚洲投资委员会成员。毕业于加州大学会计与金融学专业,并获得了南加州大学马歇尔商学院EMBA学位,同时拥有美国加州注册会计师称号。加入赫斯特前,Yvonne在世界第一的会展组织机构励展博览集团担任首席财务官兼共享服务中心副总裁。

(以下"恰"代表恰恰姐,"Y"代表Yvonne Wang)

恰:个人品牌从零到一这个阶段是特别难的,你是怎么做的?

Y:我会觉得从零到一之所以难是因为对自己并不是特别了解,定位不清晰,这时候会特别迷茫,会没有底气与无法聚焦。这是需要时间的累积与自我的认知摸索的。而且还是要做自己，不能去复制人家的形象。我会觉得每一个人都是不一样的，那么当你把自己那一面呈现出来后，自然而然那个就是你。所以从零到一是一个比较难，同时时间跨度比较长的累积的过程。

恰：那为了让我们的听众可以在跨越从零到一的过程中少犯一些错误，你有什么样的建议吗？

Y：非常重要的一点是先认识自己。知道自己的缺点，自己的强项，尽量避免在自己的弱点上做文章，因为你很难将自己的弱项当作强项来打造品牌。

如果有闪光的地方与亮点，在这些方面多一些努力的话，很容易将自己的品牌塑造起来。同时这个过程也是很自然的，因为这就是你自己的一部分。另外也不要盲目地跟风，因为人与人之间，尤其是时间长了之后，完全能够感受到这是不是真诚的你。不要盲目地去跟随社会上的流行风格，硬要把自己往那种流行风格去打造。因为当你在伪装自己时，会很累。同时受众也能感受得到，其实那并不是你。

恰：那从一到八呢，你觉得自己做了些什么？

Y：从一到八，一旦定位好，也是一个不断进步的过程，因为每一个人其实都在进步。相比十年前的我与今天的我，我还是会更喜欢今天的我。因为从各个层面都会觉得自己又提高了很多。这也是一种积累与智慧吧！

在各方面，如果我们能欣赏与喜欢当下的自己，我觉得这就是成功的。如果是一直没有进步，荒废了时光，那么其实就算你一开始有很好的起步，定位也很好，但是你的影响力相对来说会越来越弱,因为没有持续性,个人品牌就不能发挥得特别好。所以,不断地进步、学习、积累,非常重要。

访谈片段 2

薛一心:上海迪士尼度假区市场部前副总裁,春晖博爱公益基金会前理事、前首席执行官;安琪之家理事,深圳国际公益学院校友会副会长。

(以下"恰"代表恰恰姐,"薛"代表薛一心)

恰:假设现在给到年轻人一个建议,帮助他们去提高个人品牌,你觉得他们应该做什么?

薛:我就一个词给到大家,就是 authenticity,真实的自己。True to yourself,true to your heart,你不是在做那个自我认知的培训吗?

恰:对的。

薛:那真是太重要了!因为我觉得大部分的时候,我们中国人,尤其是乖孩子,有太多的期望要去满足。满足老师的期许,父母的期许,社会的期许。30岁该干吗了,多少岁该干吗了!太多太多这样的期望与要求,那么你知不知道自己是谁?你知不知道自己适合做什么?

你能不能在一张白纸上面,写出几件很重要的事情:第一,我这一生是来干什么的?我每天忙这么多事情是为什么?这一辈子谁对我来说最重要,哪些人对我来说不重要?我的价值观是什么?我的强项在哪里?我的弱点在哪里?

我觉得年轻人,起码可以从一个草稿先开始。然后面对这些,你就能对你自己真诚,真实。我觉得在现在这个数字化的时代,没有一个品牌可以逃过消费者雪亮的眼睛。那我们不也是一样吗?我们越透明越真实,我们的品牌越能够走得长远。

访谈片段 3

蒋佩蓉:儿童成长力教练,教育专家,国际礼仪专家,麻省理工学院前任中国区总面试官。三个儿子的妈妈,年轻女性的"妈妈导师"。

(以下"恰"代表恰恰姐,"蒋"代表蒋佩蓉)

恰:您的个人品牌其实中间是经过转型的,从一位优秀的职场女性转型为拥有一个丰盈人生的母亲,这中间经过了怎样的摸索与挣扎?又是如何找到一个适合自己的品牌定位的呢?

蒋:从前的自己是一个为了讨好别人或证明自己而活出的一种品牌,外面的好强隐藏着一个因为不想显得软弱而掩饰自己柔软一面的女强人。做全职妈妈这一决定强迫我要去面对这些动机,也因为面对了自己的破碎而得到了自由,因此开始接受自己原来的样子,开始在意自己想要什么,从别人的期待中解放出来,开始为自己想要的人生而活。这不是品牌的建立,因为品牌的建立是一种为了让别人看到的外壳,但是我的转变是一种从内到外的为自己而活的内外一致的真实样子。

恰:如果让你用一幅画或者图景来描述自己,你会想到怎样的一幅？

蒋：彩虹色的蝴蝶。

恰：所以蝴蝶的深意在于？

蒋：破茧。

恰：能描述一下你的典型的一天一般是怎么过的？

蒋：我的典型的一天离不开感恩。我发现除非我能刻意地戴上我感恩的双眼，任何事情都能让我陷入消极的思维或情绪。所以自从我们离开中国以后，我们夫妇很在意无论一天安排了什么样的活动，都要以感恩开始，然后以感恩结束。这样，无论那一天我们发生了什么事情，都能用积极的眼光看待和积极的心态来迎接。

恰：很多人都希望有积极感恩的心态与眼光，可是做起来却很艰难。有什么方法可以帮助大家从消极转变为积极吗？

蒋：就像运动一样，需要操练，没有人自然会感恩的。每天早上从寻找三个值得感恩的人开始（尤其是拥抱着你的配偶），大声说出为他感恩的地方，每天晚上找到今天发生的值得感恩的三样事情，说出来，然后渐渐增加数量。

恰：是不是可以理解为品牌建设的从零到一自我认知很重要？这奠定了一切的基础？

蒋：绝对是。在北美，高中时代最酷的人都是那些不在意别人怎么想的人，但是其实那个时候大家内心也都挺迷茫的。我觉得每个人都羡慕很有自信的人。

对自己缺乏认知的人的自信是一种伪装，迟早会露出马脚。一个认识自己、喜欢自己、爱自己的人的自信不能被环境、别人的看法，或任何外在的条件所动摇。但是自我认知，也包括去努力发现和接纳自己的弱点和缺点，这是很多人不愿意面对的难题，反而伪装打造比较简单和看得见。

访谈片段 4

Susan Kuang：留美 MBA、80 后青年作家、独立创业者，著有《斜杠青年：如何开启你的多重身份》，专注理想科学教育与知识的融通，提倡"斜杠式"个人发展策略。

（以下"恰"代表恰恰姐，"S"代表 Susan Kuang）

恰：之前阅读你的文章，知道你在寻求个人定位的过程中，也经历过一长段时间的摸索，特别想知道在长时间的探索过程中，你是如何慢慢清晰自己要什么，然后有一个正确定位的？

S：其实我觉得探索自己要什么其实是不断发现自己不要什么。这是一个做减法的过程，因为你是在试错嘛，你不停地在做一些事情，然后你会发现有些事情不是你最想要做的。其实自始至终我顶级的目标是没有变化的，这个顶级目标可能是非常抽象的。

比如说，我的顶级目标就是想让大家更好地成长，因为我自己在美国获得了一个非常大的人生改变，我想把这种改变带给更多人，这是我一直以来没有改变过的一个想法。不管做任何事情，我背后的核心目标就是这个，我会采取不同的方式去做。随着对于世界规律，对于人的认知的不断加深，我会用一些更加有效,更加好的方法去做。

之前我做女性社区与沙龙分享,但后来我发现这并不是一个有效的方式,你听别人的故事即使听得再多也不一定能有改变,现在回想起来那时候真是把自己当作一个救世主来帮助大家。后来我开始转向内部,开始改变自己,我发现你改变其他人最好的方式是改变自己,我以前尝试用那么大的精力去改变别人但我发现改变不了,而当我改变自己的时候,我发现当其他人感受到我的改变,被启发之后,他们也会跟着一起改变。

这几年通过知识的积累,我会发现一个人突破不了的关键点到底在哪里,会对这一点有更深的了解。其实随着知识的增加,知识面的拓展包括知识结构的完善,对人性本质的理解加深,最大的优势在于可以挖掘更深层次的原因,进行因果推理。其实大家都在寻找原因,但你要找到问题的关键在哪里。大部分人找不到,因为我们了解得不够,我们自己的知识结构不够,我们看到的有可能是表象原因,不是根本原因。我通过这些年的学习,慢慢地找到了问题的关键,然后我会采取最有效的方式去解决这个问题。所以这更多的不是一个个人定位的问题,而是你在因果探寻的这条路上,不停留在表层,慢慢地往深处走,看到更根源更本质的问题的过程。你找的关键点越准,解决问题的效率就越高。

恰:你刚才提到了一个词,也是我特别关注的一个关键词,那就是"转变"。你探寻了这么多因果,积累了那么多知识,有没有大致发现是什么阻碍了一个人转变?

S：自卑。

恰：自卑，缺乏自尊？

S：自尊心太低。

恰：这个很有意思，因为对于阻碍一个人转变的原因，我们听到比较多的往往是懒惰、拖延等。

S：这些都是表面现象，是结果，不是根本原因。根本原因是没有自信，没有自信的一个很重要的表现形式就是自我打击。你会否定自己，遇到困难就会退缩，这是没有自信的一种表现。

恰：所以这个也成为阻碍一个人转变的一个关键因素？

S：每个人都想变得更好对不对，那为什么有些人不能变得更好，其实就是因为遇到困难就开始退缩。

恰：对于我们的受众，想要成为一个更好的自己，你有什么建议吗？

S：真诚，我觉得要知道自己的初心是什么，知道自己想要的是什么。很多做公众号的人，做着做着就迷失了，因为太在意别人了。太在意别人的赞美时，你就会去取悦其他人。但其实最重要的是取悦自己，做品牌你一定要知道自己的价值是什么，你要坚守这个初心。

恰：是不是寻找初心的过程也是一个自我认知的过程呢？

S：这个初心你不要因为做而做，也不要因为别人做什么事情而去做，你要多问为什么，为什么要做这件事情，如果最后这件事情是因为别人而做的那你就不要做，要去做一件对你来讲是最重要的事。所以还是多问问自己为什么,这是自己保持初心、不迷失的一种最好的方式。

访谈片段 5

周渊:人力资源管理硕士,12年制造业人力资源管理全模块经验,职场三宝妈,长期价值坚持者,职场初心坚守者,女性职场生涯助力者。

"自我认知"是一个宏大的话题,有太多的流派、理论和实践。我不是一个在理论和方法论上汲汲营求的人,而基于这种自知之明,我对"自我"的认知也是充满故事感和代入感的。因为我相信有非常多的女性和我一样在多年的自我观察、自我剖析和外界反馈中建立对世界的认识并不断向内旅行。

我很庆幸在非常年轻的时候找到了自己喜爱的职业,我想这种幸运的背后是我很早就意识到上班这件事要和"所爱所能"结合起来。当我带着问题工作学习和社交的时候,我会有意识地回顾自己的感受、他人的评价和事情的结果。而这种回顾会帮助我从情绪和思虑中脱离,更关注于"我"和"我的能力""我的兴趣",而并非"我不适合这个工作"或"这不是我的兴趣所在"。

我是一名人力资源从业者,曾面对无数的求职者、离职者、高潜质员工、低绩效者,无论他们的职位、年龄、性别还是背景如何,我在所有或重要或艰难的谈话中,都会问一个问题:你想成为什么样的人?

然而,很多人可以清晰地回答他的职业目标、人生规划甚至告诉我"不想成为什么样的人",但是无法具象化内心向往的模样。

人生太短,世界太大,排除法不是找到自我的最优路径。希望我们可以多反思多复盘,甩掉收入、地位、学识、名声的包袱,发现自己一生的兴趣和价值所在,不忘初心,方得始终。

参考文献

1. [奥]阿尔弗雷德·阿德勒.自卑与超越[M].徐珊,译.北京：民主与建设出版社,2016.
2. [美]爱德华·L.德西,理查德·弗拉斯特.内在动机：自主掌控人生的力量[M].王正林,译.北京：机械工业出版社,2020.
3. [美]艾·里斯,杰克·特劳特.人生定位[M].何峻,王俊兰,译.北京：机械工业出版社,2011.
4. [德]埃克哈特·托利.当下的力量(白金版)[M].曹植,译.北京：中信出版集团,2016.
5. [美]安东尼·罗宾.激发无限潜能[M].王平,译.北京：光明日报出版社,2014.
6. [美]安东尼·罗宾.唤醒心中的巨人[M].王平,译.北京：光明日报出版社,2014.
7. [美]奥赞·瓦罗尔.为自己思考：终身成长的底层逻辑[M].苏西,译.北京：北京联合出版公司,2023.
8. [美]芭芭拉·弗雷德里克森.积极情绪的力量[M].王珺,译.北京：

中国纺织出版社,2021.

9. 白铬.破格[M].北京:机械工业出版社,2020.

10. [美]贝特霍尔德·冈斯特.翻转思维:将问题转变为机会的艺术[M].张春梅,徐彬,译.北京:人民邮电出版社有限公司,2024.

11. [美]比尔·博内特,戴夫·伊万斯.人生设计课:如何设计充实且快乐的人生[M].周芳芳,译.北京:中信出版集团,2022.

12. [美]比尔·乔治,彼得·西蒙斯.真北[M].刘祥亚,译.广州:广东经济出版社,2012.

13. [美]彼得·德鲁克.卓有成效的管理者[M].许是祥,译.北京:机械工业出版社,2018.

14. [美]布琳·布朗.脆弱的力量[M].覃薇薇,译.杭州:浙江人民出版社,2014.

15. 陈春花.价值共生:数字化时代的组织管理[M].北京:人民邮电出版社,2021.

16. [美]丹尼尔·吉尔伯特.哈佛幸福课[M].张岩,时宏,译.北京:中信出版集团,2011.

17. [美]丹尼尔·戈尔曼.情商:为什么情商比智商更重要[M].杨春晓,译.北京:中信出版社,2010.

18. [美]丹尼尔·平克.驱动力(经典版)[M].宫一平,译.杭州:浙江人民出版社,2018.

19. [美]菲欧娜·默登.心理学家教你职业规划[M].朱蓓静,译.成都:四川文艺出版社,2022.

20. [美]盖瑞·查普曼.爱的五种语言[M].杜霞,译.北京:中国社会出版社,2023.

21. 古典.拆掉思维里的墙:原来我还可以这样活[M].北京:北京联合出版公司,2016.

22. [美]加里·凯勒,杰伊·帕帕森.最重要的事,只有一件[M].张宝文,译.北京:中信出版社,2015.

23. [美]卡罗尔·德韦克.终身成长[M].楚祎楠,译.南昌:江西人民出版社,2017.

24. 邝炳钊.如何认识和提升自己[M].武汉:武汉大学出版社,2009.

25. [美]丽贝卡·香博.希拉里领导力[M].冯云霞,朱超威,宋继文,译.北京:中国人民大学出版社,2016.

26. [美]莉莎·费德曼·巴瑞特.情绪[M].周芳芳,译.北京:中信出版集团,2019.

27. 刘晨曦,白辂.觉醒:没有女性能置身事外.微信读书出品,2024.

28. 刘津.你的天赋价值千万[M].北京:人民邮电出版社,2022.

29. [美]M.塔玛拉·钱德勒,劳拉·道林·格雷什.反馈的力量[M].付倩,译.北京:民主与建设出版社,2021.

30. [美]马丁·塞利格曼.真实的幸福[M].洪兰,译.北京:万卷出版公司,2010.

31. [美]马丁·塞利格曼.持续的幸福[M].赵昱鲲,译.杭州:浙江人民出版社,2012.

32. [美]马歇尔·古德史密斯.身为职场女性:女性事业进阶与领导力提升[M].陈小咖,译.北京:机械工业出版社,2019.

33. [美]马修·麦凯,帕特里克·范宁.自尊(原书第4版)[M].马伊莎,译.北京:机械工业出版社,2019.

34. [美]麦克斯·A.埃格特.了不起的身体语言:如何用好非语言技能[M].丁敏,译.北京:人民邮电出版社,2020.

35. [美]纳西姆·尼古拉斯·塔勒布.反脆弱:从不确定性中获益[M].雨珂,译.北京:中信出版集团,2014.

36. [加]乔丹·彼得森.人生十二法则[M].史秀雄,译.杭州:浙江人民出版社,2019.

37. 任康磊.成长势能:个体崛起与能力变现[M].北京:人民邮电出版社,2022.

38. [美]瑞·达利欧.原则[M].刘波,綦相,译.北京:中信出版集团,2018.

39. [美]史蒂芬·柯维.持续的幸福[M].高新勇,王亦兵,葛雪蕾,译.北京:中国青年出版社,2002.

40. [美]苏珊·大卫.情绪灵敏力[M].齐若兰,译.台北:台湾天下文化,2017.

41. [美]汤姆·拉思.你充满电了吗:激活人生状态的精力管理关键[M].清浅,译.南昌:江西人民出版社,2016.

42. [美]唐·约瑟夫·戈韦.摆脱焦虑[M].李晓磊,译.天津:天津科学技术出版社,2021.

43. [法]西蒙娜·德·波伏瓦.第二性(合卷本)[M].郑克鲁,译.上海:上海译文出版社,2014.

44. 王芳.我们何以不同:人格心理学40讲[M].北京:北京日报出版社,2023.

45. [美]维克多·弗兰克尔.活出生命的意义[M].吕娜,译.北京:华夏出版社,2018.

46. [美]威廉·戴蒙.目标感:告别迷茫,找到人生真方向[M].成实,张凌燕,译.北京:国际文化出版公司,2020.

47. 武志红.深度关系[M].北京:九州出版社,2023.

48. 武志红.为何家会伤人[M].北京:北京联合出版公司,2018.

49. 武志红.感谢自己的不完美[M].北京:中国华侨出版社,2017.

50. 武志红.和另一个自己谈谈心[M].北京:中国友谊出版公司,2021.

51. 武志红.走出人格陷阱[M].北京:北京联合出版公司,2020.

52. [英]西蒙·帕克.九型人格的会客室[M].庄文敏,译.南昌:江西人民出版社,2010.

53. [英]夏洛蒂·勃朗特.简·爱[M].宋兆霖,译.北京:北京联合出版公司,2013.

54. 小马宋.朋友圈的尖子生[M].重庆:重庆出版社,2017.

55. [美]谢丽尔·桑德伯格.向前一步[M].颜筝,译.北京:中信出版集团,2013.

56. [美]亚伯拉罕·马斯洛.人性能达到的境界[M].武金慧,熊强,林子萱,译.南京:江苏人民出版社,2021.

57. [美]约翰·戈特曼,纳恩·西尔弗.获得婚姻幸福的7法则[M].刘小敏,译.北京:万卷出版公司,2010.

58. 张辉.人生护城河:如何建立自己真正的优势[M].北京:人民邮电出版社,2019.

59. 周岭.认知觉醒:开启自我改变的原动力[M].北京:人民邮电出版社,2020.

60. Alan Weiss, Marshall Goldsmith. *Lifestorming: Creating Meaning and Achievement in your Career and Life*[M]. Wiley, 2017.

61. Dorie Clark. *Reinventing You* [M]. Harvard Business Review Press, 2013.

62. Marshall Goldsmith, with Mark Reiter. *What Got You Here Won't Get You There*[M]. Hyperion, 2007.

63. Marshall Goldsmith, Laurence S. Lyons, Sarah McArthur. *Coaching for Leadership: writings on leadership from the world's greatest coaches*[M]. Pfeiffer, 2012.

64. Peter Slevin. *Michelle Obama A Life*[M]. Vintage Books, 2015.

后　记

经常有人问我,为何会选择投入女性成长与自我认知领域。有这么几个原因:

第一,这是我个人成长路程上,所经历的真实痛点。

我之前一直走的,是一条乖乖女的路,没有太多去认识自己,认识自己所想要的,导致缺乏自信,缺乏目标。一直到2014年,当我学习了许多自我认知的内容,成为一名教练之后,才收获了自己的成长元年。

第二,自我的成长对于一个人必不可少,绝不可忽视。

我一直认为每一位女性的人生应该包括三个部分,一是自我,二是家庭,三是事业。这三者之中,最为重要的是自我。但很多人的优先级却是错误的,她们会将家庭或事业摆在第一位。可是,缺乏清晰自我认知的家庭和事业,势必会带来许多问题。

第三,我相信每个人的潜力都是无限的。

这几年我最喜欢的一句话,就是管理学家陈春花老师说的,我们最大的悲剧,不是任何毁灭性的灾难,而是从未意识到自身巨大的潜力和信仰!而打开潜力的钥匙,就是去挖掘冰山之下的那份自我。

　　第四,这符合我的优势与热情。

　　在真正认识自己、活出自己之前,我不知道自己竟然还有如此丰富的创造、表达与分享能力。直到现在,我越来越确信自己在这方面的潜力与天赋,它们也带领着我走向一个更加美好丰盈的人生。

　　因此,很开心在茫茫人海中,能够有缘认识你。也希望以我的所思所想,点燃闪耀你的人生!

王静荷

2024 年 5 月